余工建筑手绘

纯造型美的建筑手绘与中国书法精神

图 余工 文 赵鑫珊

东华大学出版社

图1:2007年余工（右）同赵鑫珊（左）在奥地利阿尔卑斯山山区考察乡村农舍建筑后交流思想

　　我们谈起中国书法与手绘建筑的关系，谈起怀素、王羲之、颜真卿和张旭等人对他的影响。余工说，他试图把中国书法的语言，把书法的纯造型美引进他的手绘建筑。

　　他不是在画建筑，而是在写汉字，写具有建筑形体美的汉字。这条与众不同的新路子，即便是尝试，也给了我深刻的印象。他的手绘建筑艺术把中国书法的妙与神引进来，毕竟是件大好事。具有开拓精神。

　　古人说："终百家之功，极众体之妙""穷变化，集大成"——这才是余工的英雄气概和胆识。

　　在本书中，我试着用中国书法语言去解读余工的手绘建筑艺术。双方都是抽象的语言，有关联，有相通之处——相通就是"桥"。

图 2:2007 年一行七人在法国巴比松画家村的森林合影。左二是赵鑫珊,左三是余工

　　我们一群人是仰慕19世纪法国著名风景画家柯罗、米勒和卢梭才来到了巴比松村的。余工在此创作了多幅手绘(写生)作品。

　　余工的画吸收了多重营养:西方绘画语言、中国书法创作思路,特别是分析怀素和王羲之的字及其总体结构。所以,余工的用笔与结构变化达到了灵活跌宕的境界:或寄以骋纵横之志,或托以散郁结之怀。余工从东西方艺术宝库同时吸取养料,而自成面貌。

目录
Contents

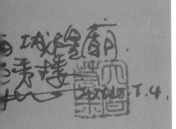

开篇

充分体现了中国书法精神（图3）。浓墨汁与稀疏、简约、飘逸的线条（尤其是树）编织成了空灵和神韵。这幅作品有一种风流之态，清简为尚，虚旷为怀，以韵取胜，富有魏晋书法的"放逸"意味，即风度洒落，或断笔而意远。

把它作为开篇第一幅放在这里，自有它的道理。因为它体现了余工追求庄子至美至乐的天乐，即"天地有大美而不言"——这是余工的最高要求。他嘴上不言说，心里却有盘算。

余工作为"墨汁与线条"的诗人，他不是"二句三年得，一吟双流泪"；不是"吟成五字句，用破一生心"，而是灵感飞来，"尽日觅不得，有时还自来"。

图3：豫园入口处正门门楼，余工手绘，2013年5月

将此摄影照片放在这里是为了有个参照系和对比，可看出余工手绘的创造、空灵、超拔和妙绝（图4）。

个人认为，摄影作品一般来说不是艺术，欠缺纯造型美，因为它不是抽象的语言。

门前并没有两株树。余工笔下却有两株。这是余工处心积虑加上去的创造。"无中生有"才是创造。门前有树叶摇摆的屋才是健康的屋，才有生气、有气韵、有和谐，有乐感。

树这个符号在余工手绘建筑艺术中是个重要角色。它几乎是半边天，建筑是另一半天。

图4：豫园入口处（正门门楼），摄影作品

这是一幅抽象画（图5）。这天，余工作画，我就在他旁边欣赏，观摩。他跟我说了很多：

"我的画用'实'和'虚'，'有'和'无'作对比。'无'的内容是说不完的。"

我问："在中国书法史上，有哪些人对你影响很大？"

"怀素（733-788年），他是书僧；还有王羲之（321-397年）。怀素是酒肉和尚。他是'狂来轻世界，醉里得真知。'在醉中，他的灵感最来劲。王羲之，我是重他字的总体结构和布局。"

经年累月，受中国书法艺术语言的影响，再传递到余工的微妙手腕运动，渐渐成为了他的手绘建筑书法的哲学与美学的风格、气韵、神韵。

凡经营下笔，必合建筑本质，必合天地。蓝天之下，大地之上的建筑——人类唯一存在之所。

图5：豫园湖心亭，余工手绘，2013年8月9日

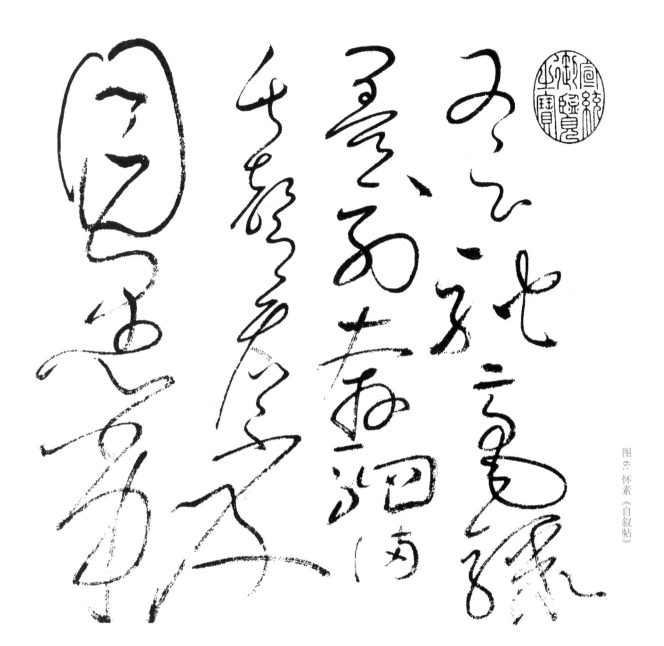

图 6: 怀素《自叙帖》

怀素 自叙帖 Huai Su Zi Xu Tie

用笔的粗细浓淡属于空间的绘画效果，体现了"空间的结构力量"。

笔与纸的接触轻重反映了执笔人的情绪变化或心灵状态。

在我国书法史上，怀素是影响余工的第一人（图6）——我注意到了这一"书画现象"。余工有意无意用了闲散的笔致、疏空的结构和大量的空白来表现道家的放逸旷达精神——这是他的成功之处。

他仿佛有"语不惊人死不休"的"野心"——这是我在他旁边观察他作画时的感受。这是件大好事。

心若不野，要心何用？

他的"野"不在荷花送香气，竹露滴清响，而在寒鸦立枯树，积雪占苍苔——他追求萧瑟、疏淡与荒寒。这才是他的手绘建筑本质。

图 7：豫园正门，余工手绘，2013 年 8 月 9 日

这完全是个抽象的符号（图 7）。

余工对我说：

"手绘建筑的功夫就是懂得'打住'，画笔突然停住，不再画下去。"

我体会"打住"这个术语，就是让画言有尽意无穷——这是余工的结构谋略。

但何时"打住"，突然停笔，不画下去，全凭余工的主观感悟，这里有些神秘，难以言说。

余工只用了几分钟便完成了这幅画，而且还在跟我谈笑风生。

我问他自己满意这张画吗？

"满意！"

因为它空灵、疏散、飘逸。

图8：豫园一景，余工手绘，2013年8月

余工写下了几个汉字："铁狮守卫，静守是境界"（图8）。
这幅抽象画要表达的境界正是"静守"：
"念故人千里，自此共明月。"（宋诗）
中国的古园林建筑精神只是一个"静"字：
"非澹泊无以明志，非宁静无以致远"。
这样才能"天地与我并生，而万物与我为一"。

豫园

一景

Yi Jing

荷情

豫园 | He Qing

图9：豫园"荷情"，余工手绘，2013年8月9日

不见池塘荷花，但闻"荷情"迎面扑来（图9）：

荷叶荷花相间斗，南风愁起绿波间。

这正是余工所见、所闻、所感——这是他的第六感，也是他的灵感。他是以玄对待建筑世界或世界建筑。

"玄"出诗情画意，见"空间的结构力量"。

余工的手绘"荷情"笔触简约、疏淡，在造型上，在手腕的操纵上，都算得上是手绘书法家——他把手绘（画）同中国书法精神糅合成了一团，不分彼此。

图 10：豫园，余工手绘，2013 年 8 月 9 日

余工写下了 10 个汉字两句："人文的传承，艺术的承载"（图 10）。

这正是这幅抽象画所要表达的主题。

他的画是在"太实"与"太虚"，"有"与"无"之间的飘逸、抽象。

图右为"实"，左为"虚"。何时何处"打住"，突然停笔，全视余工的主观感觉、灵感而定。

这幅手绘仅用了 5 分钟，这是我亲眼所见。他的画越来越成熟——手绘建筑原是如此潇洒之事。

这是亭子的空灵、虚脱（图11）。舍去了很多的实质。余工手绘建筑的真谛就是及时"打住"和"舍去"，剩下的是空壳，是类似于禅境的东西。

所以手绘建筑与书法精神、与禅境是相通的。

这才是余工同书僧怀素心灵相交往，挥笔运墨的创作心理学基础。

在本质上，他们是不与物拘，得解脱、得透脱，自在自如自由。

余工画画的乐趣全在入禅境。

图11：豫园建筑"一景"余工手绘 2013年8月9日

其中"奇无定"三个字用枯墨细笔写出，毫尖几乎只有左右摆动，顿挫很少——空碧悠悠，淡入荒寒（图12）。

这种意境是否影响到了余工的手绘建筑语言？余工笔下潇散、简远、疏空的结构俨然与宇宙精神相通。南宋哲人陆象山认为，宇宙即是吾心，吾心便是宇宙，这启示了余工内心对"空间结构力量"的追求。

宇宙是由三股力量纽结而成的：空间结构力量、时间结构力量和物质结构力量。

图12：董其昌（1555-1636年）的《临自叙帖卷》

情结
Qing Jie

余工手绘建筑与四大心理因素

我和余工是多年的朋友，算是忘年交，我比他年长 19 岁。

我们的大背景很不相同，但走到了一起。酷爱建筑艺术是我们友谊的黄金纽带。当然还有对世界的"哲学思考"。

余工是一位有哲学家气质的乡村建筑师。他偏爱用哲学的眼光去看这个世界，所以我们走到了一起。

人以类聚，物以群分。

近年来，我们就手绘建筑艺术的诗意和空灵畅谈过多次，这一回是在我家豪嘉府邸客厅，时 2013 年 8 月，我们怡然对坐，一杯绿茶在手，点燃了熊熊的"心灵之火"，那也是黑夜一盏不灭的灯……

今天根据我们的谈话，我梳理了四个方面，如实地叙述如下：

一、土地情结

余工出生于江西省武宁县横路乡花园村，时 1957 年。

小名汪生，大概是八字缺水，选了个有三点水的汪字。其实是命中缺土，因为他眷恋土地，热爱土地，执着于土地——这是他亲口对我说的，我记住了。

他说，从地里能长出各种粮食、树木花草，他打心里崇拜土地，敬畏土地。他撒下种子，看到种子破土发芽，他会惊喜得说不出话来！他钟情于建筑，留恋建筑，也是因为土地支撑建筑，"长出了"各种几何造型的房屋。

他 17 岁当上了村里的生产队长，是公社里最年轻的队长。他领着大家植树造林，开荒山。收工后，大家已经累得不行了，他还要规定每人上山挖三个坑，从塘里挑三担塘泥填上，再种上树。他热爱土地、信仰土地，是因为土地忠厚、诚实，你种下什么，它便会长出什么，从不欺骗。

从他懂事起，他便心系土地，思念土地，作为年轻的生产队长，他会一人坐在田埂上望着土地发呆，好像在聆听土地对他喃喃地述说，就像贝壳思念大海的涛声，日日夜夜……

的确，厚重的土地给人踏实、信赖感。世界还会有什么东西比土地更叫人安稳、可靠和安心的呢？中国人的丧葬谚语"入土为安"一语道破本质。

20 世纪德国存在主义大哲学家海德格尔说，人类要想真正的安居，就必须对我们赖以生存的大地表示特别的敬畏（大意）。大地比土地更广泛。

图13：当年在广州创业开公司的余工

他成了广东装饰业的领军人物（图13）。

他的广告语是："把装饰的事交给我们，你放心去上班！"

他的信条是：天道酬勤，人道酬善，商道酬信。

他喊出的口号是：品牌就是力量。

他的眼睛乌黑，炯炯有光，说明他具有胆大过人的性格和勇气。改革开放的年代造就了他。他才是"以有为之人，逢有为之时，据有为之地。"

机遇光顾了一个有准备的头脑。他用了整整10年奠定了事业的经济基础，然后得今天的解脱和自由。

二、建筑空间情结

余工17岁时，已经读完了高中，那时大学已经不招生。可他还是总看书，母亲觉得他应该干点什么正经事，所以斥问他：

"汪生，你总是揣着书看那能当饭吃？你大了想干什么？！"

"我要为天下人盖房子"。

这句口气很大的话语的实质是"建筑空间情结"。这也许是现实生活逼出来的，生存的艰难和困苦在少年汪生的内心营构、滋生出了"建筑空间情结"。

他的父亲是位乡村老师。他家是大家庭，40多平方米的破烂土坯房住着13口人。哥哥、嫂子、侄子隔去了一间，他们五六个人挤一张床。母亲整夜为孩子赶蚊子……

这间土坯房的每块土坯都渗透着这家农户的贫苦、穷愁和无奈——这些刻骨铭心的苦难转化成了很大的"建筑空间情结"，即"大我建筑空间情节"，不是"小我建筑空间情结"。

"我要为天下人盖房子！——这正是"大我建筑空间情结"的哲学表述。

有"世界哲学"，不如说"天下哲学"。我更喜欢用后者。

余工天生便有个"大"情结。

17岁的他，不是幻想为"小我"盖栋豪华别墅，而是"我要为天下人盖房子"。

生来是个"大我"，是先天决定了的，是DNA的决定。

那年余工以总分低于清华录取线3分考取了重庆建筑工程学院，毕业时他作为品学兼优的尖子进入了北京。他选择了国家建设部，那时他绝没有想到后来有一天会辞京南下来广深发展。

他在广州安了家。1991年他开始创业开公司，成为中国建筑装饰界的传奇人物，并带出了一个近10万人的武宁装饰团队……

武宁县横路乡成了装饰之乡，他的"大我建筑空间情结"本质上还是物质层面上的生存空间。不久，它就被更高级的建筑艺术空间所代替。

余工11岁那年，已是"文化大革命"时期。一场露天电影几十秒的一个画面，竟然影响了他一生！那是开演前的一卷新闻纪录片。别人都觉得没有看头，可余工看得惊呆了——那是一段反映世界各地无产阶级庆祝"五一"国际劳动节的纪录片，其中法国工人阶级上街庆祝游行，画面出现了巴黎埃菲尔铁塔，巴黎典雅、漂亮的街道建筑……

余工睁大了眼睛，呆了，后面的影片是什么他都记不清，亮丽的巴黎城市建筑，让他热泪盈眶，热血沸腾！

世界上还有这么优美的地方，还有这么亮丽的房子。他原以为横路乡那些半砖半土的像吊脚楼的房子就是最了不起的房子了。

情结

Qing Jie

"我要去巴黎！"

他从心底里喊出这个愿望，这个渴望。一个 11 岁的农村少年第一次瞥见到了窗户外面的辉煌、广大世界。

"我要去巴黎！"

这呼喊驱使他一次又一次的奋斗、拼搏，去巴黎是他梦寐以求的理想。从花园村到巴黎有多远？

田埂上的哥哥觉得好笑，好像弟弟在说梦话，把喊叫的弟弟推下了田，想让弟弟清醒一下。

数 10 年后，他去了巴黎，后来还像赶集一样，多次去过，席地而坐，面对建筑精品写生、手绘，过了把瘾。

近年来，他的手绘建筑艺术有了很大的长进，日臻完美，向成熟、尽善尽美推进。因为他的手绘建筑艺术找到了大方向：

追求中国书法的空灵美。他试图把中国书法的纯造型美引入手绘建筑、哲学与美学。这是大胆的尝试，是新路子。

本书主要是揭示他的探索之路。他坚持用黑白线条说话，从黑到白其实有说不尽的层次。黑白是上帝说的基本语言吧？色彩语言仅仅是对黑白语言的补充。黑白为主，色彩为辅——这才是自然界的构成本质。余工的手绘表明了这一点（图 14）。

埃菲尔铁塔
Eiffel Tower

....

　　他的简洁、疏散和空灵的线条语言质朴刚健，风骨犹如禽类中的鹰隼，羽毛虽不美艳，但雄健有力，凛然、豪放（图15）。

　　这回，余工才真正到了巴黎。他是以手绘巴黎建筑而艺术地、诗意地拥有、握有巴黎——这是真正地拥有巴黎，与巴黎的精神交融为一个整体，比亿万富翁在巴黎买下一栋带花园的别墅要气派得多、风光得多，也踏实得多！

图 15：巴黎，埃菲尔铁塔，余工手绘，2007 年 6 月 15 日

卢浮宫
Le Louvre Museum

　　手绘巴黎建筑，是最高层面的艺术，是黑白线条营构的诗，与音乐、建筑、油画、诗歌、戏剧、雕塑和小说具有平起平坐的地位（图16）。

图16: 巴黎卢浮宫广场，余工手绘，2007 年 6 月 16 日

余工用手绘、用黑白线条，朗诵巴黎建筑精品时有种兴奋、陶醉和快感。比起2007年，他的手绘语言成熟多了。

那绰约多姿的建筑体态，宛如一首小夜曲，缠绵悱恻，拨动他心坎上的琴弦。

他信笔挥洒，跳跃动荡，将心萦系，言有尽意无穷。

他诗风发于胸臆，言泉流于笔端——所以我称他为线条诗人（图18）。

图17：巴黎圣母院，余工手绘，2009年2月2日

巴黎凯旋门
Paris Triumphal Arch

   手绘建筑艺术的层面高于建筑摄影。因为手绘有性灵，有才情、有思力，有日梦随风万里去。摄影怎能与手绘建筑同日而语呢？我尊重摄影作品，但不崇拜，毕竟那是机器干的活（图18）。

   请注意左图有株树，后来树成了他笔下建筑的重要配角，带来了许多美学的韵味（图19）。

图18：巴黎凯旋门，摄影作品

   摄影作品可以有千万百张，但手绘只有一张。

   摄影作品欠缺人的性灵、灵感，欠缺手绘的神、气、骨、肉、血这五者。

   手绘建筑是有生命的形体。余工的手绘便有，这是他的手绘艺术同摄影作品的最大差别。

图19 巴黎凯旋门，余工手绘，2007年10月14日

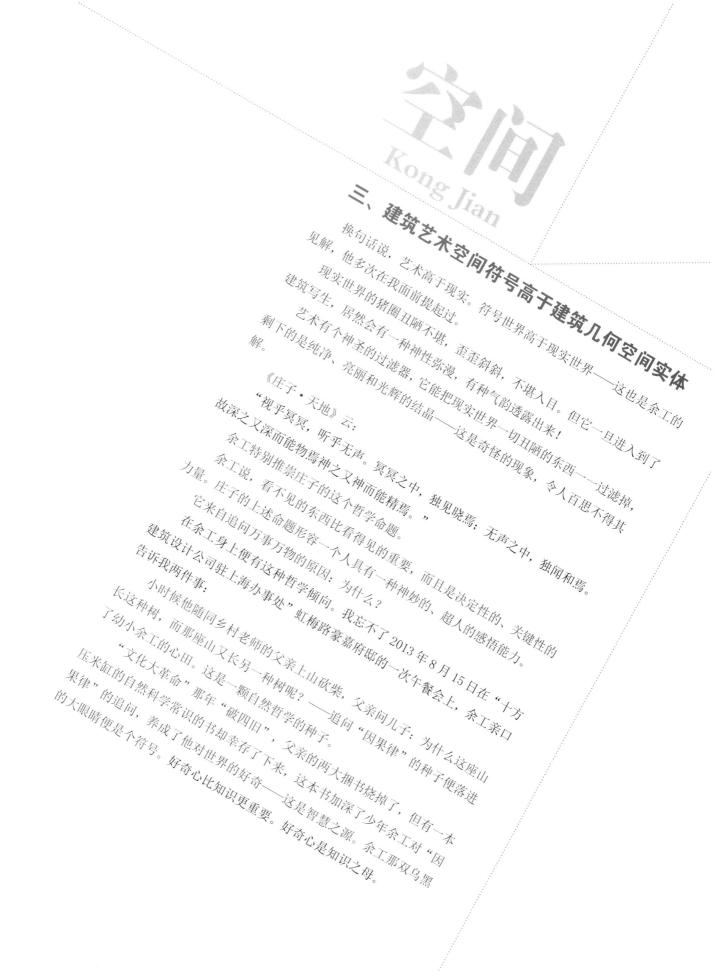

空间 Kong Jian

三、建筑艺术空间符号高于建筑几何空间实体

换句话说，艺术高于现实。符号世界高于现实世界——这也是余工的见解，他多次在我面前提起过。

现实世界的猪圈丑陋不堪，歪歪斜斜，不堪入目。但它一旦进入到了建筑写生，居然会有一种神性弥漫，有种气韵透露出来！

艺术有个神圣的过滤器，它能把现实世界一切丑陋的东西——过滤掉，剩下的是纯净、亮丽和光辉的结晶——这是奇怪的现象，令人百思不得其解。

《庄子·天地》云：

"视乎冥冥，听乎无声。冥冥之中，独见晓焉；无声之中，独闻和焉。

故深之又深而能物焉，神之又神而能精焉。"

余工特别推崇庄子的这个哲学命题。

余工说，看不见的东西比看得见的重要。

它来自追问万事万物的原因：为什么？

庄子的上述命题形容一个人具有一种神妙的、超人的感悟能力。

在余工身上便有这种哲学倾向。

"建筑设计公司驻上海办事处"虹梅路豪嘉府邸的一次午餐会上，余工亲口告诉我两件事：

小时候他随同乡村老师的父亲上山砍柴，而那座山又长另一种树呢？——追问"因果律"的种子便落进了幼小余工的心田。这是一颗自然哲学的种子。

长这种树，余工亲口问儿子：为什么这座山"文化大革命"那年"破四旧"，父亲的两大捆书烧掉了，但有一本压米缸的自然科学常识的书却幸存了下来，这本书加深了少年余工对"因果律"的追问，养成了他对世界的好奇——这是智慧之源。余工那双乌黑的大眼睛便是个符号。好奇心比知识更重要。好奇心是知识之母。

我忘不了 2013 年 8 月 15 日在"十方

图20：俄查黎寨，夏克梁建筑写生

夏先生是余工的好朋友。他笔下的猪圈破破烂烂、东倒西歪，不堪入目，但在夏先生的画面中却五光十色，非常具有审美的吸引力（图20）。这是为什么？

我只能说，这是艺术空框发散出来的美。空框把一切实质都蒸发掉了。纯艺术活动便是庄子所说的"天乐"："与天和者谓之天乐"

德国伟大诗人、哲学家席勒（1759-1805年）提出艺术起源于人类游戏（Spiel）的本能。只有在作纯游戏的时候，人才算得上是人。

余工的手绘活动便是纯游戏活动。他只有在手绘建筑的时候，其精神才是自由自在的，才算得上是一个真正的人，他画画的时候容光焕发、两眼放光、内心喜悦，便是佐证。

我国古人（诗人兼文艺理论家）常用神、神化和神妙等词语来谈论文艺现象（包括书法）给人深刻的印象。《易·系辞上》云："阴阳不测之谓神。"

张怀瓘《书断》则这把书法家的作品分为神品、妙品，更显示出以"神"评论文艺的最高标准。杜甫是第一个大量用"神"来评论诗歌的人，他认为"读书破万卷"与"下笔如有神"有因果关系。

"诗成觉有神"。（杜甫）

"篇什若有神"。（杜甫）

"笔落惊风雨，诗成泣鬼神"。（杜甫）

看来，"有鬼神惊心垂泪，有神来、气来、情来"是艺术符号创作的最高境界，这其中便有书法神品。余工的豫园手绘建筑开始进入、感悟到这种妙境，所以令他特别陶醉。他开始享受神妙不凡的境界，所以他写下了12字信条：

天道酬勤，人道酬善，商道酬信。

在纯粹数学和理论物理学领域，"但觉高歌有鬼神"（杜甫）的境界时有出现。这是艺术符号世界的特色。因为数学、物理的本质是艺术，是诗。

初中课本出现的圆周长公式 $C=2\pi r$ 便有"诗成泣鬼神"的意境。本质上，它是典型的艺术符号世界；是艺术符号的极品；是"思飘云物外，律中鬼神惊"（杜甫）的产物。

因为该公式是圆中圆，是千千万万现实世界具体圆（茶杯、锅盖、硬币……）的抽象。因为它是纯粹数学圆，所以是神品。况且里面有个 π，小数点后面有 2.7 万亿位还没有穷尽。读完它，需要 4.9 万年！所以 π 这个数学基本常数我们有理由敬畏它、崇拜它、歌颂它。

空间

所以该公式是纯造型美的最高典范。在本质上它也是建筑手绘艺术和中国书法艺术的极品。这三者有联系——这是我的一次觉醒，也是一次悟。

这里也有"或寄以骋纵横之志，或托以散郁结之怀"的意境。

世界上的一切一切都有关联、联结。圆周长 C 同半径 R 的联结是通过 2π 这个伟大、神秘的中间环节实现的。

π 在宇宙结构中同样扮演了重要角色。在本质上，它是"普通世界万有桥"。由所有恒星所产生的总辐射能量密度是：

$$\rho_s = \int_0^\infty \left(\frac{L}{4\pi r^2}\right) 4\pi n r^2 dr = Ln \int_0^\infty dr$$

公式中的 π 正是圆周长公式中的 π，可见它的宇宙地位和作用。

上述公式是宇宙建筑结构手绘艺术符号，也是中国书法纯造型美的典范。它是所有恒星产生的总辐射密度的一个抽象（艺术）符号。要知道，宇宙结构的本质是建筑的，上述纯造型美具有中国书法的性质。该公式作为一个抽象的符号，他该有多大的气魄、气势！

可见，艺术空间符号高于空间实体。

这里体现了"空间的结构力量"。

中国书法创作从自然现象受到启发是最崇高的启示。

怀素自述：

"贫道观夏云多奇峰，辄常顺之。夏云因风变化乃常势，又遇壁折之路，一一自然。"说得很中肯，到位，深深影响了余工的创作。

把书法艺术同夏云变幻态势加以比较非常之妙绝——这才是"外师造化、内得心源"。文字（书法）是书法家创造的，它受到自然现象的启示，引起摹仿书法创作冲动。

也是一种手绘符号的抽象美，常顺之，它受到自然现象的启示，完全合情合理。

怀素观盛唐夏云彩变幻，常顺之，引起摹仿书法的一段描写，非常精彩动人：

韩愈送《高闲上人叙》里有关于张旭书法创作的一段描写。

"张旭善草书，不治他技。喜怒。忧悲。愉快。怨恨。思慕。酣醉。无聊。不平，有动于心，必于草书焉发之。观于物，见山水崖谷、鸟兽、虫鱼、草木花石，可喜可愕，一寓于书。"

大地事物之变，日月列星、雷霆霹雳、风雨水火、歌舞战斗，天地万物的变化均可包容、概括、网罗成大网。天地万物之变的符号。"天地万物之变"可以成为书法创作灵感。进入纯造型美的艺术空框，诗意化的空框，好大的气魄啊！可见中国书法是种大网。可见书法是张大网干净。因为中国书法是种抽象的符号。

学术界对图21是不是张旭真迹存在着争论。张旭大约生于658年，死于748年，比李白（701-761年）年长，更长于杜甫（712-770年）。韩愈生于751年，卒于824年。张旭是中国书法史上一个极其重要人物，他创造的狂草是书法向自由表现发展的一个极限。若更自由，汉字将不可辨读，书法也就成了抽象点泼的绘画了。但对余工的建筑手绘艺术符号创作却有所启发。

在神聊中，余工与我谈起张旭的狂草。他说，这对他的建筑写生有暗示作用，特别是张旭的满纸龙飞蛇走，如闪电般的折线，在他的建筑写生中有变奏的表现。

图22的狂草，估计也影响了余工的手绘建筑语言的布局。余工是游心内运，事近旨远；放言落纸，气韵天成。于是才有云半片、鹤一只的意境。

的确，张旭的草书对生性敏感、善融会贯通的余工的创作有种暗示、潜移默化的作用。从多次神聊中，我捕捉到了一些蛛丝马迹——这是建筑写生同中国书法的亲缘、血脉关系；这也是余工建筑手绘艺术的发展方向和特色。

就是说，余工的手绘建筑艺术有着浓厚的中国书法纯造型美的色彩。这是他的特点，也是他出奇制胜的地方。这是本书的着眼点；也是立脚之处。全书正是从这里展开的。

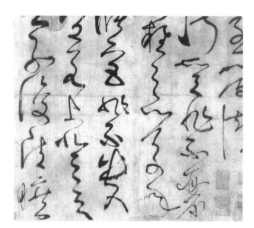

图21:《古诗四帖》，张旭真迹

图22: 张旭的《肚痛帖》

2012年，余工面对英国剑桥大学露西·卡文迪什学院（Lucy Cavendish College）写生的时候，因触景生情写下了这样一段话：

"建筑美犹如书法美"（余工还附上了英文）。

这句题记凸显了余工的整个思路。他是从中国书法的纯造型美（抽象美）去解读建筑美，画出建筑美。这也是我撰写本书的总体思路和着眼点。

杜甫曾这样谈起过张旭："张旭三杯草圣传，脱帽露顶王公前，挥毫落纸如云烟。"《新唐书》写到张旭："……每大醉，呼叫狂走，乃下笔，或以头濡墨而书，即醒自视，以为神，不可复得也。"这里又出现了一个"神"字。

这样的书法创作心理状态简直是酒后的疯狂，如痴如醉，也只有余工能理解。因为他在手绘时也有一丝这样的冲动和醉狂。否则他画不出来。

这是世界造型艺术史上最感人的情景，这是生命在醉时的状态。意识、潜意识、情感、想象力都纷然杂陈编织成了无法预测的、随机性的韵律或律动。"酒神派"把醉当作生命最炽热、最酣欢、最具有创造力的状态。余工虽不饮酒，但他欣赏、也懂得这种醉。酩酊状态是生命最基层的、原始的、本能的发泄。酒不是"浇愁""麻醉"，而是让清醒时不愿说、不便说、也不敢说的，都竹筒倒豆，一一倾吐出来。

唐文宗曾下诏把张旭的书法、李白的诗和斐旻的剑合称为"世之三绝"。张旭的书法有两大特点，一是他在酒醉时的创作，而是当众表演。唐代一批书法家奠定了理性主义楷书的法则；另一方面也开创了张旭的反理性主义、反规律、酒神型、具有反抗色彩的书法家。

多元主义是件好事。科学、艺术和哲学领域都是如此。一言堂，单一学派，一家言一统天下，是最坏的情况。

图 23：英国剑桥大学露西·卡文迪什学院（LucyCavendish college），余工手绘，2012 年 6 月

请注意，余工在图片上方空白处写下了一句提纲式的思路（图 23）：

"建筑美有如书法美。"他还附上英文：Architectural Beauty Like the Beauty of Chinese Calligraphy。

可见余工是从中国书法的着眼点去审美建筑。这种独特的视角也体现在他的手绘建筑中。

剑桥校园和豫园（城隍庙）的建筑风格虽截然不同，但中国书法（纯造型美）却是"一以贯之"的。中国书法语言好像是代数语言，而不是算术语言。这种抽象语言涵盖了豫园和剑桥校园，使其抽象化、符号化，成为动天地、泣鬼神的手绘建筑诗。

清代书法家张裕钊的"一尊浊酒有妙理，半窗梅影助清欢"（图24），有如绘画泼墨效果，也暗示、影响了余工的手绘建筑。他也有泼墨，任墨汁团团泛滥，而效果极妙，为我所赞叹。

在余工看来，墨法不仅是书法，也是建筑手绘的关键，两者相通。笔实则墨沉，笔飘则墨浮。不过唐人只讲究墨色不太浓，也不太淡，追求恰到好处的黑度。画之中有一缕平和的墨色。

余工手绘建筑是"冥搜清绝句，恰似有神功。"他有"诗过洞庭空"的体验，且不止一次。

剑桥大学景

University of Cambridge

他用墨之法，浓欲其活，淡欲其华。他的墨色浓淡用得恰到好处。不过他以浓墨取胜，给人厚重感，为我欣赏。

他用浓墨朗诵剑桥建筑风景，有其独创之处（图25）。他的手绘风格和气韵越来越具有中国书法的纯造型美。浓墨和淡墨对比营构了他的笔触空灵，非常有生气、有律动，且有清凛萧瑟感。他的手绘豫园同样是如此，他是"一以贯之"的。

图25：余丁笔下的剑桥大学一景，2012 年 3 月 1 日

　　请注意图片右侧停放多辆自行车（图 26）。据说第一辆是 1860 年在剑桥出现的。后来教授和学生便以骑一辆前面挂个柳条筐的自行车为时尚，成了剑桥校园有特色的一景。

　　细心观察的余工总是不忘用疏散、简运的寥寥数笔把它落在白纸上。

　　请注意图片左侧的墨法用笔，墨汁团团泛滥，宛如绘画的泼墨效果。左右两侧，一边墨沉、墨重、墨浓，另一边墨细、墨轻、墨淡，这种强烈对比，是不是受到中国书法的启示？在余工的脑子里，手绘建筑手法和书法艺术是不分彼此，合而为一的。他手绘建筑，本质上是在白纸上写汉字。字和画充分体现了俊骨逸韵的精神，他的手绘建筑有道家倾向的书法用笔。

图 26：英国剑桥大学教堂，余工手绘，2011 年 3 月 10 日

豫园 桥韵 Qiao Yun

　　这件作品充分表明了手绘建筑艺术空间符号高于建筑几何空间实体（图27）。因为它仅仅是个符号，是有关"桥韵"的艺术，是中国书法纯造型美的抽象符号。我们只有这样看它，才能看懂。这也是余工创作这幅画、写这两个汉字"桥韵"的着眼点（见图右下）。

　　我说过，余工是一位有哲学家气质、进行哲学思考的建筑师兼建筑画家。他总是在探索。从具体空间走向抽象空间。纯造型美是他大显身手的广阔天地。他讲究笔法、结构、均衡、风韵和墨色。他是集各种审美标准为一身的人：追求结构、追求风韵或气韵、追述自由抒情、追求唯美、追求放逸、追求姿态、追求风光、追求洒脱。一句话，追求建筑哲学美。

图27：上海豫园，桥韵，余工手绘，2010年7月4日

豫园 桥韵

Qiao Yun

余工写下"桥韵"这两个汉字，这件书法作品（图27），这手绘建筑，这幅画，是件精品，妙品，为他后来的艺术语言立下了标杆。我认为有必要做些详尽分析，供大家讨论。

本质上这是抽象的、纯造型美的画。

什么是抽象语言？

今天我去买花生酱。售货员（女），50多岁，满口的上海当地北蔡话，他用土话报了价：22元5角。

"对不起，你说的北蔡话，我听不懂，请你讲普通话，"我说。

她指了指计算器的小屏幕：22.5这串阿拉伯数字便是抽象的语言。上海北蔡人、南汇人、松江人、青浦人，以及所有上海人、阿拉伯人、印度人、南美人、北美人、欧洲人、非洲人、日本人、澳洲人……都能看懂。

它高度抽象，但又具体。它涵盖一切。

这便是抽象的桥。余工手绘的桥便有这种普遍世界意义——它上升到了"普遍世界万有桥"（The Universal Bridge）的境界。

余工的性格内向，话不多，但每个短语总是击中要害。他说，他笔下的桥既具体又抽象。他的桥是从具体迈向抽象，无限制的向抽象极限逼近。

上海豫园这幅作品便很典型，这是建筑绘画与中国书法融合的"神品"。

这幅画有三大主角：桥、中国古建筑、树——他们是"三足鼎立"的关系。

余工笔下的古建筑成了整幅画，整个字的大背景：厚重、壮阔、有容量、有宽度。它像芭蕾舞剧中的王子，能用双手托起起舞的"天鹅"——"桥"。余工的树，疏散、简约几笔，最有生气、气韵和神气。在书法艺术中，这叫"神彩""不见字形"。

唐代张怀瓘有言：

"深识书者，惟观神彩，不见字形。"（《文字伦》）

所谓"神彩"，即是纯造型效果。"字形"指能够辨别的文字符号。

"惟观神彩，不见字形"是说真正欣赏书法者不为文字所牵绊，所纠缠，而是像看抽象画一样看书法——这正是我们看余工的《桥韵》姿势。

余工的树，极空灵、洒脱、有气韵，这才是风度高远。它森然、有法度，又散朗而多姿，有逸气弥漫。

有人以"神骏"形容王献之的字，以"灵和"描写王羲之，我们不妨采用这四个汉字（两句）去大略估量余工写出的"树"字。

这在手绘建筑艺术和中国书法艺术中都是讲得通的。这才是"父之灵和，子之神俊，皆古今独绝。"

王羲之有七子，知名的有五人，都善书。其中以王献之最能，与父齐名，世称二王。有人认为在真行书和章草书王羲之高于献之，而在草书上献之超过羲之。余工当面对我说过多次，他在创作时，经常看王羲之的书法，从中获取灵感，可见，手绘建筑同书法艺术的内在关系。这里也有"桥"联结。

余工的树和桥在画面上是相互依托、互补和互相支撑的关系：

桥没有了树少了生气，少了昂然挺立，少了通神；

树没有了桥少了与世界的联结，成为孤独，成为闭塞。

余工笔下的桥既具体又抽象，归根到底是抽象的桥。它不是物理性质的桥，是数学桥，是几何桥，具有纯造型美的桥——当然它也是哲学桥，普遍世界万有桥（The Universal Bridge）。

在这里，我要重点分析"普遍世界万有桥"。

这是余工手绘桥的灵魂，也是他的《桥韵》的精神所在。否则仅局限在上海豫园内，不免太狭窄，绝不是余工视野、心中的对象。

我说过，他是一位有哲学家气质的建筑师兼建筑艺术家，墨汁与黑白线条诗人。他平时话不多，都让他手中的黑白线条语言说尽了。

阿基米德名言："给我一根足够长的杠杆和一个恰当的支点，我便能够移动地球！"

想象中的杠杆和支点在本质上便是"桥"。这是一座无形的、普遍宇宙万有桥。无形的比有形的更重要。杠杆原自卑微的地上的力学，但经过自然哲学的提升、升华和抽象，便一跃，成了"普遍万有桥。"

这是"大我"的"桥"，不是"小我"的"桥"。"小我"吃不透阿基米德架设的"桥"。"小我"容纳不了这种"桥"。

图28：豫园一景，余工手绘，2013年6月

抽象的符号，神韵、空灵，颇有唐代浪漫主义书法的风气（图28）。

他的一簇墨团是他有特色的笔触，富有灵气，为我所推崇。

他的笔"舍去很多。"他在该"打住"的地方打住了，停了笔。这是他的大脑指挥他的手腕的结果。

——这里也有他的独到悟性，说不清，道不明。这是艺术创作心理学的奥秘，难以解秘。

他的线条浪漫、飘逸。他的线条是有生命的，这才是天地万物之变，可喜可惊，一隅成书（图29）。

的确，他的抽象线条是挣脱了实体屋的几何抽象。他的经纬之线，超越了写实的层次。他的手绘绝不是写实派，决不粘着现实世界，所以尽得空灵，得笔致的气势贯注，有神气弥漫，从而构成了他的手绘建筑的生命现象。

余工的用笔与结构变化达到了灵活跌宕的境界，虽然离极致还有一段距离。但随着岁月的推移，余工在艺术上的日日磨练，年年有进步，这是很明显的事实。

图29：尼泊尔，高山峻岭上的村落，石砌的屋层叠在一起，构筑起天上人间的风景和意境，余工手绘，2008年5月26日

请注意两处特点（图30）：

一处是团团泛滥的墨汁，如泼墨，这是余工的习惯用笔，非常有个性、有性情、有品味。另一处是那颗有生命、有灵气的小树，讨我喜爱、怜爱。树与屋构成了相互依靠的有机体。整个写生显得空灵、清虚、简洁、而不是轻浮、薄弱。

这也叫疏不至远，密不至近。这里偏重使空白获得生气，灵动起来。

中国道家偏重从画笔之间的空间上着眼，这样才能出奇入神，高风绝尘。道家的创作态度是"学者悟于至道，则书契于无为"。于是便有了飘逸，有了"纯造型美"——这恰恰是余工的追求。

追求是个无限过程，只有追求过程才使人幸福。上帝有一双手，他左手握有金苹果，占有金苹果，右手则追求金苹果，觅寻金苹果。上帝问要哪只手？

傻瓜蛋会抢着要上帝的左手，智慧者会要上帝的右手。

余工是智慧之人，他点名要右手。他走到哪里，画到哪里。他是用画笔探路的人。

图30: 映秀镇漩口中学，余工手绘，2008年12月27日

余工是这种人：走到哪里，画到哪里。他永远走在追求纯造型美的路上。

他有古人这种感觉："夫心所达，不易尽于名言；言之所通，尚难形于纸墨。"他所推崇的最高书法是晋人的，而最欣赏的书法家是怀素和王羲之，看来余工基本上还是纯造型派。他的手绘颇有纵横有度、低昂有态的意味。

他的泼墨用笔越来越有进步，有特色，成为一派，一家言。这是他始集古今笔法而尽发之，极书之变，尽天下之变，天下之能事毕的硕果（图31）。

图31：湖南凤凰城，余工手绘，2010年3月24日

图32：法国中世纪古堡卡尔卡松，余工手绘，2009年1月1日

请注意画面上的泼墨和那株有神韵的小树（图32）。这叫"纵横有象，低昂有态。"曲直、粗细的线条，缭绕回旋，树叶是包含顺时针的环和反时针的环，颇有伤惨天地，清辉玉臂荒寒的意味。

古堡中的树，更有精神、更有风韵、更潇洒、也更神气——这便成了余工一家之言的"树"，独具风光。它是地球上亿万株具体树的抽象集合，并高于具体树。这里正是符号世界高于现实世界的又一个生动例子。

图33：法国中世纪古堡卡尔卡松，摄影作品

我把图33这幅摄影作品放在这里只是为了对比，它只是现实世界一座建筑的忠实记录，个人认为价值不高。因为摄影作品欠缺灵感，少空灵，少灵气，少性灵。它不与"神明"相通。况且，它还没有那株小树。可见小树是余工的作品加上去的。加得好，好极了！加上去是创造，创造就是"无中生有"。

上海豫园的桥进入余工手绘语言，成为一个抽象符号，成为纯形式的哲学空框结构。我联想起"一叶落知天下秋"这句成语。

第一个说出这个伟大"桥"句子的人是我国一位哲学诗人或诗人哲学家。他在"一叶落"与"天下秋"之间架设起了一座"桥"。所以诗的极致是哲学。"一叶落"原是卑微的，微不足道的，司空见惯的。诗人哲学家或哲学诗人独具慧眼，却大胆地通过伟大的想象力，把它同天底下的秋天序幕联结起来，成为报告秋天到来的"第一人"。哲学能做什么？

哲学只能做一件事：架桥铺路。桥是路的延伸。在宇宙万事万物中，在纷然杂陈的万千现象中间，架设桥梁。

一个观点，一闪念，便能从本质上把万事万物联结起来，沟通起来。

法国实证主义哲学家孔德（A.Comte，1798-1857年）有句名言："观念，支配世界；否则，世界就是一片混乱。"

支配世界，即统治世界，囊括世界，握有世界，使之秩序井然——本质上这正是"桥"的功能。

孔德认为，实验（道）哲学要达到这一点，必须做到：

（1）通过显微镜和望远镜，在观察的前提下，整理想象力。

（2）把所有观察到的事实联结起来（这联结，就是架桥）。

（3）把建立在事实上的科学观点整理出来（整理是"桥"的功能）。

（4）把我们的认识从相对真理导向绝对真理（导向正是"桥"的功能）。

我们若是从余工的《桥韵》这个抽象符号联想到孔德的实证主义哲学，便是一次透彻的悟。这才是"桥"的真正风韵和律动，才是"通神"。架设"普遍宇宙万有桥"是"通神"的另一种说法。

古语说："天下一致而百虑，同归而殊途。"在本质上这是架"桥"的结果。只有这种"桥"才有最高的风韵，才有神彩，有神韵。只有这种无形的"桥"才是风度高远，"总百家之功，集众体之妙。"

注意，我所用到的所有术语都是从中国书法理论借来的。余工的手绘桥，这纯造型美，这纯抽象符号，只有借助中国书法理论才能把握、吃透。因为余工的创作受到怀素和王羲之的启发，这是他亲口告诉我的。我没有听错。

桥 Qiao

时间和空间这两样东西对于我们好像是一清二楚，再明白不过了。其实是我们最不能明白的。20 世纪有两位物理学大师写了两部物理数学著作，可以说明时间和空间的深度以及复杂程度：1）H.Weyl 的《空间·时间·物质》，德文版，1923 年。2）B.A. 福克的《空间、时间和引力理论》，译自俄文，1923 年。

福克说："空间和时间都是第一性的概念。根据普遍哲学的定义，空间与时间为物质存在的形式，这一点可以在这样的意义上来了解：空间与时间的概念是空间、时间和物质过程相关联的概念通过适当的抽象而得到的。在一个确定的瞬时所考察的空间点是空间与时间最简单的概念。"

对于我们这些普通广大读者，只能到此为止（游人止步），再往前走一步，便是云里雾里的欧几里得几何及其推广黎曼几何。

谈论时间，一般分三个层面：常识层面、物理数学层面、自然哲学层面。

这里只能是常识层面的稍微加工和点滴升华："从今往后，空间本身和时间本身都成为阴影；只有两者结合才保持独立的存在"（说出这句名言的是爱因斯坦的老师，杰出几何学家明可夫斯基，1864-1909 年）。

的确，时间和空间总是一道出现的。谁可曾见过时间或空间是单独走上舞台？世界上发生的每一件事都是由空间坐标 x、y、z 和时间坐标 t 来确定的。因此，物理学的描述从一开头就一直是四维的。

我国尸子（战国末期人）有一个非常深刻、精辟的定义："上下四方曰宇，往古来今曰宙。"这在整个人类宇宙学的历史上也是独创的，非常先进，提出时间也最早。

尸子在"宇"和"宙"之间架设起了一座最宏伟、最壮丽的"普遍宇宙万有桥"（The Universal Bridge）。这里的"桥韵"才具有最高神气，尽见日月列星，风雨水火，天地事物之变。

这才是余工画笔下的《桥韵》通天，通神；这才是这个抽象符号的自然哲学涵义。它远远冲决了上海豫园狭小的时空。

"宇"和"宙"分别开来提及、谈论只是孤零的半句，失去了意义。"宇宙"合在一起才是完整的一句，也是普天下最宏伟的一句！

这时候，时间的复杂性也开始出现了！有两种时间：主观时间、客观时间。

我国古典文学（包括古诗词）是描写主观时间的行家里手：

空间

"欢娱嫌夜短，寂寞恨更长。"

"雁过也，正伤心……梧桐更兼细雨，到黄昏，点点滴滴……"（李清照）

"前不见古人，后不见来者；念天地之悠悠，独怆然而泪下。"

陈子昂（659-700 年）的这首《登幽州台歌》堪称为千古绝唱。诗人仅活了 41 岁。他陈述了宇宙时空的悠悠长久，人生之短暂。他的感受全是主观的：主观时间＋主观空间。作为诗人，陈子昂是孤独的，不是寂寞。只有孤独的灵魂才能吟唱出上述震撼人心的诗句。他要陈述的恰恰是个人在宇宙中的孤独感。在《感遇，二十二》他又吟唱："登山望宇宙，白日已西暝。"可见诗人的气魄与心胸。

他对宇宙时空的感悟是触及灵魂的，不是一时的心血来潮。应该承认，在千万人当中，总有个别人的主观时间感悟是非常深刻、非常独特的。它上升到了自然哲学的洞见层面。陈子昂的诗便触及到了宇宙时空的本质。

张怀瓘便把书法造型艺术的规律和宇宙观打成一片，统摄于一个"造化之理。"因为艺术造型的规律即宇宙现象的规律——这是张怀瓘的书法观。他认为书法的玄妙在于符合自然之功，得造物之理。他偏爱用"风神""骨气""神气""神采"等概念。

他写了 9 部论著，在中国书法史上很有地位：

（1）《书断》，成书于 727 年，论历代书家，分神、妙、能三品。

（2）《书估》，论名家书法的市场价格。

（3）《书议》，品评书家王羲之等 19 人。总思路是"人之才各有长短。"

（4）《二王等书》。

（5）《评书药石论》。

（6）《文字论》，论书法的终极意义，即形而上（Metaphysical）的哲学意义。此书为我看重、推崇。也是我撰写读者手中本书的旋律，着眼点。

（7）《六体书》，论隶、行、草六体书的源起和发展。

（8）《玉堂禁经》，论用笔方法。

（9）《论用笔＋法》，论用笔与构字。

他用"玄妙"解释书法艺术创造的灵感"虽至贵不能抑其高；虽妙算不能量其力"。

时间

西方20世纪大哲学家维特根斯坦有个命题说："我的语言界限便是我的世界的界限。"

陈子昂的诗的语言界限表明了、规定了他的世界的界限。

他写下的诗正是他架设的桥。

他在"过去、现在和将来"架设起了"诗"的桥。他的诗的语言终止的地方，也是他的（感知）世界终结之处。他的诗够不着的地方，也是世界消失之处，是他伤心垂泪之时。

"昨天→今天→明天"这条永恒的黄金链接是个"文本"（Text）。我们每个人对它有不尽相同的解读。

把时间人为地分成三段，便于把握时间。要知道，作为客观的时间，并没有"昨天→今天→明天"。我们的主观把时间分割成"过去→现在→将来"这三个环节，便于整体掌握之。

昨天已经过去，明天尚未到来，我们只有今天这一天。人只有这一辈子。

这才是架设在"昨天→今天→明天"的一座金色桥梁。最最重要的是把握今天。

唐代诗人贾岛是握有今天的能手："三月正当三十日，春光别我苦吟身。劝君今夜不须睡，未到晓钟犹是春。"诗人爱惜春天的心情由此可见。白居易惜时与贾岛惜春是无独有偶，不分上下："惆怅阶前红牡丹，晚来唯有两枝残。明朝风起应吹尽，夜惜衰红把火看"。在诗人手里，朗诵诗是在"过去→现在→将来"架设起无形的桥。牢牢握有现在是主旋律。

广义相对论的"时间、空间和物质"对于我们这些普通人毕竟太玄。余工的手绘《桥韵》作为书法纯造型美的样板对我们是种鼓舞。

"纯造型美"，用现代绘画术语来说，就是"抽象美"。从20世纪西方出现了抽象派绘画以后，有人说中国书法就是抽象画。此话不能说它完全错（余工的手绘在这种意义上才是抽象画）。

事实上书法并不是摹写具体，实际的事物，而用点、线黑白来营造美的效果。西方人可以不懂汉字而欣赏书法。许多西方画家从中国书法中寻找抽象主义的理论根据，并吸取创作灵感。

不过书法和抽象画（包括余工的手绘建筑）毕竟有差异。首先书法不能脱离文字，也就是文字所具有的一些特点：它是可读的；读和写有一定的方向和顺序。这些特点使书法比抽象画更丰富，更富有层次。因为在抽象形体之外还有一个文字层面，使书法成为一个综合艺术，立体艺术。

中国人欣赏书法，也不是非把每个字读出来不可。许多草书往往是难以辨读的。在我们还没有辩读之前，书法的纯造型美已经给了我们纯粹美的享受。这才是纯造型美的优势，恰如莫扎特的《A大调单簧管协奏曲》的魅力，那是音响抽象美的神妙。

祭侄文

Ji Zhi Wen

本作品中笔触为行书，方正坚固，苍劲有力，力透纸背，属于纯造型美（图34）。

余工从中吸取过创作灵感。他是引书法入手绘，即"引书入画"，就像"引禅入诗"。余工在本质上是"墨汁与线条"诗人。夫诗道幽远，理入玄微。善诗之人，心含造化，言含万象，且天地日月，草木烟云，皆随诗人用之。诗人将万事万物概括，视为抽象的象征符号——这便是我眼中、笔下的余工。

图34: 唐代著名书法家颜真卿（有"书圣"之称）的名帖《祭侄文》

建筑风格与豫园有异曲同工之妙。手绘作品气韵生动，中和一致，千变万化，得之神功。"圆而且方，方而复圆，正能含奇，奇不失正，会于中和，斯为美善。中也者，无过不及是也；和也者，无乖无庆是也。"

用以上书法美的标准来审视余工这幅手绘作品是恰到好处。这里又是建筑与小树的相互支撑、互相依托的关系。如果说，文字（汉字）是有生命的形体，那么，手绘建筑（包括树）更是如此。书法以"潇洒纵横，气的吐纳，神的闪显"为美，为善。古人说："书必有神、气、骨、肉、血五者，缺一不可成书也。"

余工这幅手绘便具有这五者，一样也不缺，尤其是屋与树的比例，点画调匀，上下均平；鼓之以墨汁，泛墨，和之以闲雅，气和（图35）。

图 35：湖南古城凤凰城悦客阁，余工手绘，2010 年 3 月 23 日

余工的《桥韵》是个抽象的符号，它具有纯造型美、抽象美。它远远超越了、突破了上海豫园的狭小框框，而与世界、宇宙发生了联结——联结就是架"桥"。

余工迷恋豫园的多座小桥，包括九曲桥。他是小中见大。心里想到的是"普遍世界万有桥"。只有这种"桥"才对他是个鼓舞，安慰和满足，也是他的最后归宿。

他有时也想到了死。一个人想到死，才会活得更有品味、有方向，也更坚强。

一个有深度的人要懂得在生死之间架设起桥：

生→死

在整个宇宙，"生死学"是最大的学问。也许那么一天，地球、太阳、银河系也会寿终正寝，化为灰烬。从地球上的甲壳虫、乌鸦，再到银河系成千上万亿颗星星，他们的命运都是"生不知来处，谓之生大；死不知去处。谓之死大。"此处的"大"，即大困惑、大迷茫。

只有坟墓这个"普遍世界万有桥"的符号才会提醒我们死的到来确切事实。于是我们得到一个普遍的宇宙公式：

生→坟→死

墓地这个凸显的符号最大功能是明确无误地告诉我们活着的每一个人：

万事有物，有生必有死。什么事情都可以找替身，只有死不能找替身，要亲自去死。

坟墓这个绝妙符号，这座"桥"，把生死联结了起来。

图36：秋日的巴黎拉雪兹神父公墓之一角，摄影作品

满地落叶，增添了坟场的萧瑟和悲壮氛围（图36、图37）。

人是通过墓地这座"桥"的忧伤和悲愤才体验到了死，品尝到了死的味道或意味。在这种情况下，坟墓作为阴宅这种符号的"桥梁"作用在于告诉人们，将来必有一天，死亡会到来：

生·桥·死；
生·墓·死。

图37：法国海滨一座墓地，摄影作品

生与死是两个截然不同的世界，需要一座特殊的"桥"连接。这座"桥"只能是抽象符号，充满了神秘，也令人迷茫、困惑、茫然。不知到哪里去，才叫死。墓地作为一个符号，勉强把阴间与阳间联结，在生与死，架设了一座"桥"。这是一个简贵、高逸、清虚的符号，为旷世独绝，即便是一个土坟堆。

豫园 小桥 Xiao Qiao

我把摄影作品放在这里仅仅是为了对比，树立起参照系，表明建筑几何空间实体的摄影与建筑手绘抽象语言的差异。

摄影作品不是纯造型美，尽管摄影非常接近真实。但真实不是空灵。

只有空灵和飘逸才是诗的精髓。只有余工手绘的桥，才笔墨婉丽，气韵高清，真思卓然。这叫"荒寒致远"，咫尺内，万里可知。

上海豫园
2013.5

图38：上海豫园又一座小桥，余工手绘，2013年5月

作为现实世界的桥，豫园的桥是微不足道的，不足挂齿的，但在余工笔下，它是个抽象符号，具有书法的形而上的意义，具哲学涵义（图38）。

汉代杨雄有言："书，心画也。"余工的桥便是心画，故弥漫着一股雄浑之气。桥小气韵大，神气足，因为他联想到"普遍宇宙万有桥"，而不是具体的什么跨海湾大桥。余工的豪端有"神"。他笔下的桥是"立万象于胸怀"的产物，是形神相融之象。

石板桥非直线形，随意折、弯，形成三曲；三曲板桥将水面划分为二，形成两个水体形态不同的景观空间；三曲板桥低于两岸。桥岸、水面形成三个平面高低落差之势（图39、图40）。

这一切都是现实世界的语言，不是升华为富有空灵、富有神韵、富有桥韵的诗意。只有上升到了抽象的桥、哲学桥，才会令余工沉醉，叫他奋不顾身地去追求。

图39：豫园的环龙桥，摄影作品

图40：豫园内三曲板桥，摄影作品

图 41：上海豫园的桥，余工手绘，2013 年 5 月

　　余工有个桥情结。他迷恋抽象的桥，从具体的桥到抽象的桥——象征主义的桥。只有通神的桥才使余工过把瘾。只有手绘的、抽象的桥才能通神。因为这种桥才具有强有力的笔触和结构。"书道妙在性情"这句话是对的。余工的手绘只不过是表达他的性情而已（图41）。

　　他的匀净、明朗、挺秀和婉约的笔触都在营构"桥韵"。"韵"字一语道破天机。韵是风韵，是精神，气质上的东西。韵不是实体，抽象才有韵，符号才有韵。所以"书画同源"。

　　余工笔下的桥有中国书法的"书势"。

　　在中国传统建筑中采用宇宙符号或图形（如太极图、八卦图）作为民居的装饰也是常见的。如门前一对抱鼓石的座基分别雕刻了日神和月神，也象征着阴阳这宇宙的两大势力。

"水随桥动"——余工写下了一句随感，这是主观感受，是个有关桥与水的哲学命题（图42）。

　　在我国诗歌史上，诗人写桥的句子很多，桥是诗歌创作的源泉："寂寞小桥和梦过，稻田深处草虫鸣。"（宋诗）"树绕芳堤外，桥横落照前"，（宋诗）整个世界联结模式是"桥"。

　　有则笑话说：国王请教一位哲人："是什么使地球不会坠落"？哲人回答："地球被狮子托住。""狮子被什么托住？""被大象托住""那么大象被什么托住？""大象被海龟托住。""就在这里打住吧，陛下，海龟就是一切。"这里的"打住"原理和余工手绘"打住"原理是相同的，都是极致。

图43：豫园内的湖心亭，即湖心亭茶楼，是座建在九曲桥中间部位的两层楼建筑，摄影作品

这里，桥和亭是一对主角（图43）。但它们只有通过手绘语言，升华为抽象艺术符号才具有真正的欣赏价值。

桥把分割两处的空间联结了起来。而两处最大的分割空间是"天空"与"大地"。这只有"普遍宇宙万有桥"才能实现联结、贯通。

"桥"是说不完，说不透的。生与死之间便有座无形的桥。生死隔了一条冥河，过河摆渡，其实有座无形的桥。摆渡要丢下钱，过桥也要过桥钱。所以中世纪西方人有个风俗习惯：在断气者的口中放一枚硬币，让死者有摆渡或过桥的钱。

——这是意味深长的，我看重这种风俗习惯，这个生死符号，哲学符号。

但真实不是诗，诗是对真实、现实的反叛。诗是人的精神挣脱了现实世界的真实获得自由、飘逸和解放的硕果。诗是自由的一声呐喊（图44）。

诗正是这声呐喊的抽象符号："山虚风落石，楼静月侵门。"（杜甫《西阁夜》）"亭景临山水，村烟对浦沙。"（杜甫）"每因楼上西南望，始觉人间道路长。"（白居易，《登西楼忆行简》）

中国古代哲学追求天、地、人、宇宙大系统的协调合一。这"合一"便要"桥"的联系。这只能是无形的"桥"。

图44：豫园内的廊桥联结楼阁，摄影作品，非常接近现实世界的真实

在这幅作品中，任墨汁团团泛滥是余工独特的笔触（图45）。水流心不竞，可通书法之妙，意到笔随——这是余工巧妙的笔法。贵自然不贵作意：旷达、超迈、放任不羁。他的团团泛滥的墨汁正是表达了他的飘逸潇洒的性情。

余工笔下的桥使我联想起中国民居的院落精神：通天接地。

"天井"一词直接道出了院落的主语，它体现了"通天"的设计理念。

《皇帝宅经》云："夫宅者，乃阴阳之枢纽，人伦之轨模。"因此，"求正"成了院落设计的最高哲学准则。老子有言："清静以为天下正。"

——这才是中国民居院落精神的旨归。

院落是个小社会，小自然，也是小宇宙，是大宇宙的缩影。院落空间的气场原理体现了"空间结构力量"。

图45：豫园的廊桥，余工手绘，2013年5月

在豫园玉华堂景区东侧有一条长廊，因凌驾于水面，故称廊桥（图46）。

我把这幅作品放在这里只是表明了豫园桥现实世界的一面。个人认为摄影作品的艺术要低于手绘建筑艺术，因为他不是纯造型语言。摄影的语言不是抽象语言，他只是机器的成果。

摄影作品的诗意低，比手绘低得多。

图46：积玉廊桥，摄影作品

九曲桥荷花池

豫园

Jiu Qu Qiao He Hua Chi

图 47：豫园九曲桥荷花池，余工手绘，2013 年 6 月

画家的笔法完全是空灵和飘逸。他告诉过我，他只用了几分钟便即兴创作了这幅抽象画，包括飞檐翘角，画栋雕梁（图47）。

好的书法都应有"气"的贯注流动。《九曲桥》的气势特别浩大。

有的书法家重实体，笔墨饱满、结字紧密，以笔墨君临空间，给人感觉是"雄健"，其"气"猛壮充沛。颜真卿的书法便是。

有的书法家重虚空，字大、行距大、结字松。

余工的手绘笔法介乎于两者之间，故骨肉丰润，入妙通神。也可以说，他是狂草成书。

图 48: 怀素《自叙帖》

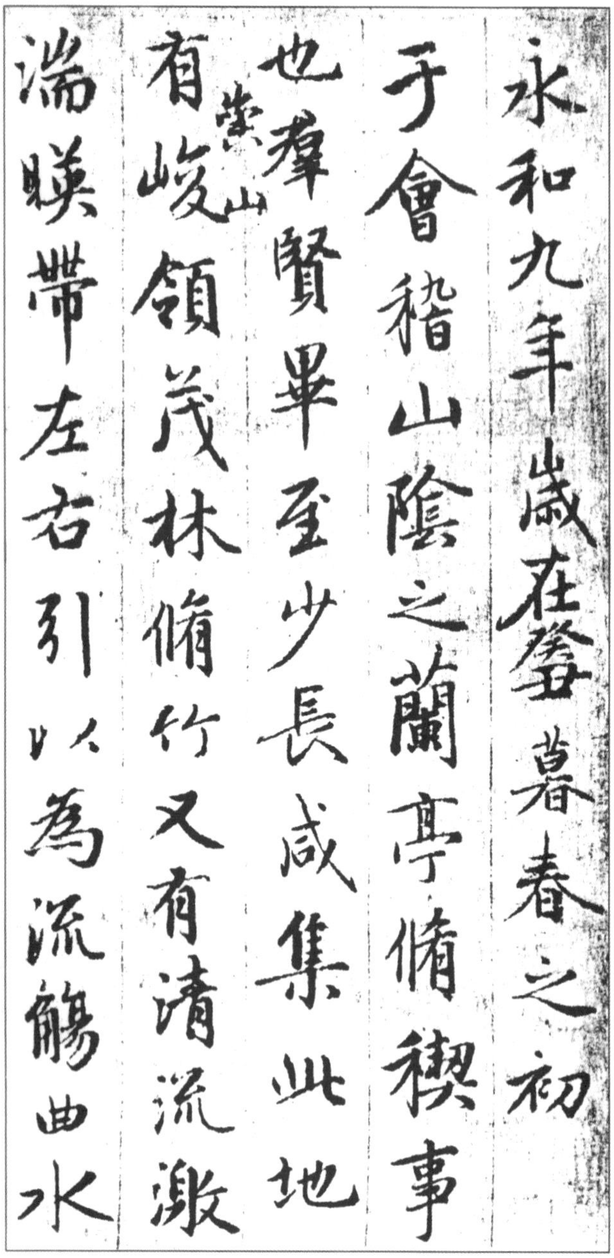

图 49: 赵孟頫《临兰亭序》

在开始写"界醉里得真如"一行的时候，写到"真"字已近纸边，于是把"如"字右移，延续了"真"字的动势，完成了此帖的飞旋转动感（图48）。

从中余工是不是吸取了创作灵感？成了他自己的狂草风格？

中国书法是一种抽象造型艺术，受到几何规律的支配。余工的手绘建筑同样是这个理。在他的手绘语言中，有几何规律在起决定性作用。

图 49 中的书法整齐平稳，字距、行距规矩，无变化。作为一种参照，也纳入余工的视野。

有人云："字之立体，在竖画；气之舒展，在撇捺；筋之融结，在扭转，脉络之不断，在丝牵；骨肉之调停，在饱满……"。

这是中国书法艺术语言的语法。

余工的手绘建筑语法也可以从中吸取借鉴。

比如中国传统民居以"井"为主导，不论是北京四合院，还是云南大理的三坊一照壁或丽江的四合五天井，都以天井为中心向四方辐射而定各个部位——这是现实世界建筑语言的语法，他是手绘建筑语言语法的物质基础。任何抽象一开始都不能脱离物质基础。

图 50：汉、马王堆汉墓简牍

这里有汉字的源头（图 50）。

数字和书法有内在的联系。书法归根到底遵从数学法则，包括单个汉字的结构和布局——长短、粗细、曲直、方圆、俯仰、伸缩，都是通过一定的搭配（几何）关系和组织规律而塑造成字的形态。

余工从中借鉴是理所当然的，是逻辑的必然。

图 51：树、冒、书、谢

在汉字的结构中，有众多的比例关系。具体表现在"色块"和"位置"两个方面（图51）。

汉字的结构，本质上是建筑结构。宇宙的时间、空间和物质结构也是建筑结构。故汉字结构和宇宙结构有相通处。

这是中国人的骄傲。中国人写汉字是同宇宙结构相通的活动。中国人应从无意识到有意识，有意识地去提升，走向宇宙结构，拔高自己的视野，提升自己的心态。

余工手绘建筑，心里有汉字结构，是件很自然的事。

图 52：东晋，王羲之的《丧乱帖》

王羲之和宋代大书法家黄庭坚都是营构空间的大师，都善于创造"空间的结构力量"。他们创造了结字外形的多样性，即字的几何形体的多样性（图52）。

余工的手绘建筑语言更看重结构外形的变化，从中受启发。

图 53：唐代，怀素《小草千字文》

把书法笔力看作是毛笔与纸相摩擦而生，是笔力认识史上的一大飞跃（摩擦力与纸张质地有很大关系）。

余工在手绘建筑时，也有这种认识。他的内心有这种感悟，所以他推崇怀素。

图 54: 宋代，米芾《淡墨秋山诗帖》

我们对米芾、欧阳修的笔力、结构、墨色、神韵和意境等要素也可以进行数学分析，即进行定量的分析（图 54、图 55）。

余工从中吸取养料是合情合理的，是艺术创造的迫切需要。

图 55: 宋代，欧阳修《灼艾帖》

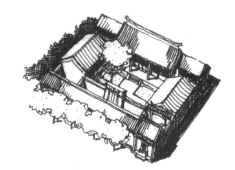

图 56：北京四合院

图 57：云南一颗印

0 1 2 3m

图 58：湘西风土建筑吊脚楼立面

图 56～图 59 体现了"天地人"的
和谐统一。东汉哲人扬雄认为，天覆盖
在上叫"宇"，"宇"之下广延开来就
是"宙"。这是对"宇宙"作了一种解释，
很符合民居生活。

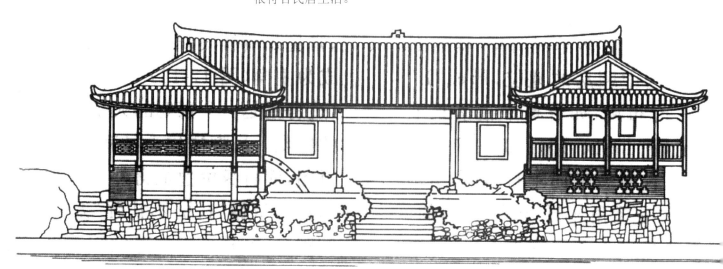

图 59：湘西风土建筑吊脚楼立面。有助于加深对"空间结构力量"的感受和理解

桂北民居

Gui Bei Min Ju

图60、图61: 桂北民居透视——得山川之秀, 集良工之智, 尽显"空间结构力量"

图62：桂北少数民族风雨桥·廊桥

桂北廊桥

Gui Bei Lang Qiao

这里又有"玄"管辖。"夫玄也者，天道也，地道也，人道也"（图62）。

"玄"的规律是普遍存在的；上下前后，"玄"无处不在，总是默默地发挥自己的作用。近玄者，玄亦近之，远玄者，玄亦远之。余工的手绘建筑便使我们"近玄"，靠近建筑的本质。

侗族民居

Dong Zu Min Ju

图 63：侗族民居

三穗堂卷雨楼

San Sui Tang Juan Yu Lou

豫园

图 64：豫园内三穗堂卷雨楼，摄影作品

卷雨楼太实（图64），少空灵、少诗韵，更欠缺神韵。只有余工的手绘豫园建筑才透露出诗的空灵，神韵，才倍觉珍贵。

画家为线条诗人。他有感而发，写下四字一句：水木清清。其实水不清。清，全然是他的想象（图65）。

桥也是他的幻想，是座抽象桥，是桥的符号，气韵生动，有浩然之气，可以悟神。"气"实为阳刚之美，"韵"为阴柔之美——这样解释也说得通。"气"字既具体更抽象：气吞山河、气贯长虹、气象万千、大气磅礴。一个"气"字可以网罗、整理、概括大千世界。大千世界才变得秩序井然。这便是艺术秩序。

图65：豫园，余工手绘，2010年7月4日

这是余工"引书法入手绘"（引书入画）的典型例子（图66）。

表面上看，这是草书帖子，好似一堆搅乱了的麻绳，犹如狂草。其实是乱中有序。狂放中有笔势劲挺。多有回绕动势，墨饱笔润，交相错综，更觉变化，是草书普遍法则的扩充与扩展。画中有楼宇、有桥、有人头攒动。但这一切都是抽象化了的，成了空灵的符号。把屋、桥和人统统蒸发了，便是抽象的符号。而符号世界高于现实世界。

图66：豫园的桥与建筑，余工手绘，2013年5月

廊桥

豫园

Lang Qiao

廊桥别有韵味。廊桥遗梦，才子佳人，才是千古佳丽地。

"二十四桥仍在，波心荡，冷月无声"才是最好风景。而这一切都是抽象了的符号。我仿佛听到"钟声扣白云"。

"扣"者，钟与云俱和，余工的手绘，实为光蹑景之笔，写通天尽人之怀。他的手绘语言果真有这等笔力。

余工笔下的廊桥自然涵盖了桂北少数民族的风雨桥（廊桥），包括男女的浪漫恋情。两性关系及自然界的进化，也在"玄"的管辖范围（图67）。

图67：豫园廊桥，余工手绘，2013年3月

上海 **豫园**

Yu Yuan

这里的一切（屋、桥和水）都是模糊一片。墨汁的泛团或一簇墨团简直就是泼墨，产生的美学效果却很微妙、很奇特。

余工胸怀淡旷，意致悠然，故其线条之诗有如水流云逝之语，无聱牙诘曲之累。

景中生情，情中含景，情景合一，自得妙语。余工寄意在有与无之间，他的手绘有"咫尺万里之势"或者说是"缩万里于咫尺"（图68）。

图68：豫园，余工手绘，2013 年 6 月

荷花池

He Hua Chi

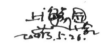

图 69：豫园荷花池，余工手绘，2013 年 5 月 26 日

这是一幅写意画，见不到荷花，荷花却在（图69）。想象中的荷花，观念中的荷花。桥和水的线条都很空灵。传神者，气韵生动是也。

神这个字极为玄妙、丰富、神气、神灵、神仪、神爽、神明。

曹丕说："文以气为主。"

曹植《白鹤赋》有言："聆雅琴之清韵。"

古人说："骨气风神，为古今之绝笔。"

"玄"是余工追求的最高境界。他年年都在向前推进，接近目标，又永远达不到目标。所以他的日子过得有声有色，踏实，有奔头。"日日是好日"来自不断追求，而不是来自占有；是追求使人充实、幸福。

图 70: 豫园一景，余工手绘，2013 年 5 月

这是一幅写意派的画，追求纯造型美，追求"玄"，追求绝对的空灵、飘逸（图70）。墙上有圆洞在水中映出了倒影，隐隐可见。小桥在目，每次在我们的脑海深处使人联想起"普遍宇宙万有桥"。只有这样，才能扩其文思，雄其笔墨，有荒寒焉，有旷远焉。

画要近看好，远看亦好。画之妙理，尽在"玄"中。

画有神明，当从虚处入。余工从中国书法获取创作灵感，刻意追求纯造型美。然画有正位，不可太粘，亦不可太离。意象是高超境界，低徊婉转，呜呜咽咽，如饿鬼夜哭，震撼人心。艺术的极致是教人落泪，余工这幅手绘——简约、不见字形，只见神彩——便有这种功能。我落下的是心泪。

余工告诉我，几年前他在庐山特训营听我讲演，感动得落下了泪，这回我要告诉他，他的这幅建筑写生也让我暗自掉眼泪。

图71：豫园一景，余工手绘，2013 年 5 月

　　既写实，又写意（图71）。左边为实，右边为意，真真假假，虚虚实实。既粘又离。右图离得出奇，却有太多的生气和气韵，留下了想象力的空间——整个写生是"虚"与"实"的混合交错，非常绝妙，有韵味。

　　可见，艺术是从有限世界的黑暗求得光明，于不可解中求得解。

　　心境愈是自由，则愈能得到美的享受。

　　纯造型艺术的美，帮助我们建立精神自由王国，恢复人的生命力——这便是"架桥"，即通向解放之路。精神欣赏绝对的美，便能获得短暂的自由与解脱。所以艺术家是解放者，他先解放自己，然后解放千百万读者，一起得到解脱。

图 72：上海城隍庙建筑写生，余工手绘，2010 年 7 月 10 日

城隍庙

上海

Cheng huang miao

这里是九曲桥畔的仿古代明清建筑群（图 72）。巍峨透挺、重檐斗拱、八角凌空、气势不凡的多层阁楼。

画家余工是以虚静之心凝注于人造的雕刻众形。他是"用志不分，乃凝于神。"但他却在时时走神，更多的是联想到"普遍世界万有桥"。因为余工是一位具有哲学家气质的手绘建筑画家。他不能长久粘着现实世界造型实体的建筑群，他要从中挣脱开来，走向抽象的、纯造型美的符号世界，"玄"的世界。只有抽象美，才是他的精神家园，才有自由与安稳，从而得到解脱。

余工只对抽象桥感兴趣。只有入手绘的桥才是诗，才有桥韵：

"野桥经雨断，涧水向田分。"（唐代，刘长卿）

诗人偏爱想象中的"野桥""断桥""危桥"和"荒桥"。

"断桥通远浦，野墅接秋山。"（唐代，权德兴）

"暗谷随风过，危桥共鸟寻。"（唐代，戴叔伦）

"荒桥断浦，柳荫撑出扁舟小。"（宋代，张炎）

野、断、危、荒，都是荒残，符合"荒残美学原理"，这是人脑现象。

野、断、危、荒一旦同桥结合在一起便有了美，有了神韵，为人脑所陶醉。

这是很奇怪的人脑现象。在余工眼里，只有符合"荒残美学原理"的"桥"，只有"普遍宇宙万有桥"，才有哲学价值。他的手绘桥是向哲学桥（The Philosophycal Bridge）不断靠近，逼近。

他每画一次桥，都是一次逼近。

图74：英国剑桥大学王后学院的"数学桥"，余工写生，2012年4月11日

余工被感动了，同时用中英文写下了"数学桥，牛顿桥，Mathematical Bridge"（图74）。

因为牛顿在做学生的时候常从此桥走过，心不在焉，思考在微分与积分之间架设起桥，即：牛顿－莱布尼茨公式。

比如利用该公式，求下列定积分并绘出对应的曲边面积：$\int_0^\pi \sin x\, dx$。

可以说，该公式是"普遍宇宙万有第一桥"。因为它是数学桥，最抽象，具有纯造型美。

余工毕业于重庆建筑工程学院，他做过成百个"牛顿－莱布尼茨公式"的习题，他懂得该公式，具有囊括宇宙万千现象的伟力。他崇拜、敬畏这种伟力。

他的手绘艺术也追求这种囊括伟力。科学、艺术和哲学都把这种追求看成是自己的最高境界和自己生存的过硬理由。其他的理由毕竟是次要又次要的。

哦，普遍宇宙万有一等桥！我们只有爱它，敬畏它，爱它的抽象美。它既高度抽象，又无限广大具体——这是十分奇怪的双重性格。这才是"玄"。

Cloister court queens' college 陈迹犹康的地方

The mathematical Bridge
Queens' college
余山绘 2012.7.22剑桥
this wooden bridge has been
rebuilt sixtwice since
it first crossed the cam
in 1750.

图 75: 从另一个角度审视剑桥大学"数学桥",余工手绘,2012 年 7 月 20 日

　　余工恋恋不忘"数学桥"是因为他有"抽象桥"的情结。它通神,与"普遍世界万有桥"相通,同他笔下豫园的《桥韵》也是相联结的(图 75)。

　　他的《桥韵》生动,通"神明",就是通纯粹数学(The Pure Mathematics)架设的桥:"然则字虽有质,迹本无为,禀阴阳而动静,体万物以成形,达性通变,其主不常。"

　　"故知书道元妙,必资神遇,不可以力求也;机巧必须心悟,不可目取也"。这说明,"普遍世界万有桥"的妙处只能与"神"遇,与"玄"通,必须心悟,不可目取。

图 76：再次从新的角度审视剑桥王后学院"数学桥"（The Methematical Bridge）

该桥同剑桥人追寻"数学的上帝"（The Methematical God）有关。

这样的上帝偏爱说"牛顿－莱布尼茨公式"，说偏微分方程，说几何语言（包括螺旋曲线）。从余工创作《桥韵》那天起，他就念念不忘抽象桥的潇散、简远和放逸品味。他的《桥韵》是出于自然，余工的作品《数学桥》是《桥韵》的继续、延伸和扩张（图76）。

余工笔下剑桥的《数学桥》可谓是神品：平和简静，思力交至，酝酿无迹，道至天成。这里有"空间的结构力量"。

Queens'
college Mathematical Bridge.

图 77: 看不完、讲不完的剑桥"数学桥"，余工手绘，2012 年 3 月 22 日

这一回余工用建筑师（土木工程师）的眼光惊叹了桥的绝妙结构（图 77）：

"没有用到一个帽栓和一个螺丝钉！"（见图右下方的文字）这是工程建筑之诗。

具体、现实世界的物质桥少不了说工程技术的语言。但余工最关心、最欣赏、最惊叹的还是抽象的、纯造型美的"数学桥"和手绘建筑桥。他可以真正、彻底不要一个帽栓和一个螺丝钉！

这抽象桥是雄强浑穆的，他不但中和，且威仪、神气。

魏晋是书法的一个黄金时代，六朝书法是和唐诗、宋画并称的。余工努力引进百家书法之妙，营养自己的手绘，自成面貌。他笔下的桥便是一例。

诗的本质是"桥"；

"桥"的本质是诗。

凡是合乎诗的东西都是"桥"，

凡是合乎"桥"的东西都是诗。

世界的桥，世界的诗。

"普遍宇宙万有桥""普遍宇宙万有诗"（The Universal Poem）。

我国古代诗人已有"桥"的意识。他们在万千现象之间架设起桥：

"路回家忽近，柳外小桥横。"（宋代，陆游）

小桥虽小，却在柳外把两岸联结起来，始觉回家近了。

"南浦春来绿一川，石桥朱塔两依然。"（宋代，范成大）

石桥起到了联结作用，这是人与大自然的联结，也是人与人之间的联系。

"白雁三秋候，青山万里桥。"（清代，王士禛）

桥把自然现象，把人与大自然的情感，沟通了起来。

青山万里，深秋雁来飞，好像被一座小桥一一串通了，联成了一片。

桥的功能大矣！

"春江一曲柳千条，二十年前旧板桥。"（唐代，刘禹锡）

板桥虽旧，虽老，但它联结两岸春江的功能仍在。

"春城三百七十桥，夹岸朱楼隔柳条。"（唐代，刘禹锡）

"三百七十桥"是诗人夸张的说法。

桥在现实世界的作用是巨大的。上海的南浦、杨浦和徐浦三座大桥把浦江两岸联结成一个大上海整体。"普遍宇宙万有桥"虽无形，却是宇宙绝对精神，宇宙因它而立。

体现"宇宙绝对精神者"则是17世纪笛卡尔（1596-1650年）发明的解析几何学。它的实质是把代数与几何联结起来，在几何与代数之间架设起一座最壮丽、最雄伟的金色大桥。

这桥在现实世界的用途极广：

在一切自然科学、医学、工程技术、政治学、人口学、经济学、农业科学……都是有力的工具。

它既抽象又具体。比如：$\int_0^b f(x)\,dx$

在几何上表示面积 ABCD，其中曲线 DC 由方程 y=f（x）表示，而 OA=a，Ob=b，因此 f（c）就是以 AB 为底而面积与所讨论的面积 ABCD 相等的矩形 ABEF 的高：

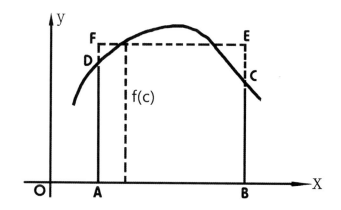

以上数学符号和图形是全宇宙间第一座"桥"的缩影。

它具有书法纯造型美，比怀素和王羲之的纯造型美还要高三个等级——它才是"通神"的"神品"；它才是"总百家之功，极众体之妙。"

笛卡尔的解析几何（坐标系）才是绝对疏淡、空灵，沉着端庄，咄咄逼人。对之，我只有跪拜。

桥

Qiao

2011年8月有篇科学报道说，研究人员对3000人进行调查之后发现，一个人是否聪明和他的基因有很大关系。基因的差别对智力的影响高达50％。

该研究结果刊登在《分子精神病学》杂志上。

一个人的抽象能力是智力的重要表现之一。从普遍世界抽象出一个"道"概念是件极不寻常的事。这需要有极高超、罕见的抽象能力。

中国古代哲学家老子便提出过"道生一，一生二，二生三，三生万物"的创世纪命题。这对世界哲学（World Philosophy）作出了伟大贡献。

这个概念的抽象力只有牛顿的"万有引力"才能与之比肩。不过"道"是定性的，"万有引力"是定量的。

在老子的观念里，"道"成了联结整个宇宙的"万有桥"，即"宇宙网络"。它是无形的，抽象的。

它有一网打尽全宇宙万千现象的伟力。

"万有引力"是企图从定量角度寻找从大自然通向上帝的直接桥梁。

（Findng any immediate Bridge from Nature to God）

老子的"道"则是从定性角度寻找从普遍世界现象通向上帝的直接桥梁。

壮哉，道！伟哉，道！

2012年9月13日有则科学新闻说，5个决定人类相貌的基因已被确认。

基因在决定人的相貌上具有重要作用。科学家根据DNA预测眼睛和头发的颜色，准确度相当高。

那么，从基因层面上去了解人的抽象能力，是不是一条正确的思路？

比如：道、万有引力、细胞、原子、DNA等"桥"的概念。

是基因决定了人的"架桥"能力吗？

吴澄（1249-1333年）提出："道者，天地万物之统会，至尊至贵，无已加者……道者，天地万物之极。"

可见，道为"天地万物之统会"。统会即"万有桥"。抽象的桥，看不见，摸不着，听不见，闻不到，用人的感官无法感知，是哲学的桥，是桥的本体，是桥的自身。

是基因决定了架设"天地万物之统会"的能力吧？

从余工手绘豫园的《桥韵》联想到、升华为"天地万物之统会"是逻辑的必然，也是余工的指归和所追求的最高目的。

关于"道"的演变。

"桥"是"道路"的延伸。

道一开始是从现实世界的道路演变而来的。这恰如对原子结构的追问。当石匠敲打石块，总有那么一个人（他也许是旁观者）会万分好奇的叩问："如果一直敲打下去，会碰到最后一个最小、最原始、最基本的石子么？"提出这个问题来拷问的人在本质上便是人类第一个原子物理哲学思想家。

同样，道哲学的起源也有类似的情形。《尔雅·辞官》有言："一达谓之道。"达，即通，即联结，即架桥功能；指有一定指向的把人们的行为活动导向某一个特定方向的道路，再引向为抽象的人所必须遵从的规律或法则。

秦汉时代错综复杂的"驿道"为"道"的哲学化和哲学概况提供了生动的想象力大背景。道是天地万物的本体、本根或本源；指人类感官达不到的、超经验的东西；是自然现象、人类社会现象背后的所以然者——这需要有很独创性的、超人的想象力才能提炼出来。

由于在自然现象、社会现象之上、之外有看不见，摸不着和闻不到的"道"存在，只能靠理性思维、靠想象力去握有，因此，中国古代哲人把本体道、本根道或本源道定义为无形、无像、无声、无体的形而上之道，之桥。

桥，沟通万事万物、统摄万事万物、支配万事万物。

桥，为一，一以贯之，无敌之道。

这才是余工笔下的《桥韵》。

《淮南王书》云："一也者万物之本也，无敌之道也。"

谁能敌过一？桥的本质就是一。把东西或南北两岸沟通、串联起来便是一。一就是桥。现代物理学著名的、伟大的"统一场论"的本质就是"一"。

"一"对于人性来说就是最后的安慰和归宿；也是永恒的故乡。

图78: 豫园建筑内曲桥，摄影作品

　　这才是小家子气的桥，是明清时期官僚、士绅阶层过着清闲、自在和享乐生活的地方（图78）。

　　余工画笔下的"桥"，超越了豫园内小家子气框架，而上升、升华到了抽象神韵、气象万千的"世界万有桥"。余工笔下的画"超越"了写实的层面，达到了纯造型美的层次，富有一种"玄"，天地的韵味，成了哲学桥。

　　这才是空框艺术符号世界的优越处，他高于实体、现实世界的桥。

　　1958年德国伟大理论物理学家海森伯公布他的有关统一场论的成就，他坐在柏林会场中央（图79）。屏幕上写有他发表的公式。这只是迈向统一场论的部分成果。

　　物理数学公式是物质世界的高度抽象，具有纯造型美和符号美。在本质上，他是艺术、是诗、是"玄"，也是普遍宇宙万有桥的诗，层次最高。

图 79: 德国伟大理论物理学家海森伯公布他的有关统一场论的成就

$$\frac{\partial}{\partial x_\nu} \gamma_\nu \psi \mp l^2 \gamma_\mu \gamma_5 \psi (\psi^+ \gamma_\mu \gamma_5 \psi) = 0$$

Vorschlag für die Materie - Gleichung

图.瑞士乡村速写
图 80: 瑞士乡村速写

图.巴黎街头速写
图 81: 巴黎街头速写

图.人物速写
图 82: 人物速写

图 80 ~ 图 83 是一位
不知名画家的四张习作。
我把它放在这里是想表明
艺术符号高于现实世界。
因为符号已经是空灵和空
旷，即便这四张习作的艺
术符号"空"的层次相当
低，但它也高于现实世界
的"实"。

图.巴黎公园速写。
图 83: 巴黎公园速写

图84：圣·杰郎，意大利雕塑家维托利亚（Vittoria，1525-1608年），大理石，高1.7米

　　给物质（青铜或大理石）赋以形式（造型），也就给了物质以精神性，这便是创造（图84）。

　　让青铜或大理石说锤炼的语言，表明自己的存在，这是创造，这是人体之诗。雕塑作为造型艺术，他说出的第一个命题是："我存在。"

　　我们欣赏一件雕塑作品，是因为我们能看到一股充塞其中的、弥漫其外的、单纯的存在力量和强力意志。世界的本质就是"强力意志"。它是一切现实世界的本质。

　　现代雕塑是种语言，它只是说出、表明了"强力意志"的存在。

　　水果（香蕉、苹果和梨）外表都有一层皮，是为了保护果肉而存在的。它表明了一种"强力意志"，这是一种存在的力量，令我顿起敬畏之心。这是大自然的崇高、神圣的"强力意志"表达。

图85：《在水一方》，三尺对开，成生虎（英
年早逝、用底纹笔画山水的当代中国画家）

他的水乡特写空灵、空框，是典型的纯造型语言，是
抽象符号，富有中国书法神韵（图85）。把它同余工的手
绘作些比较是有益的。

我们必须从多个角度去观察、把握和吃透余工的手绘
豫园建筑。

图86：《天籁〉，六尺对开，成生虎

《天籁》这个题目取得极好（图86）。它表述了天与
地的广大空间。他成了纯空间的一个抽象符号，有震撼人
心的效果。它和余工的手绘豫园有旗鼓相当之势，气韵生
动和以神气取胜。其本质上具有中国书法精神：凛之以风
神，鼓之以枯劲；或寄以骋纵横之至，或托以散郁结之怀。

豫园

万花楼

Wan Hua Lou

图87完全是一幅写意画，是美的表象，"备于天地之美，称神明之容。"（庄子语）只有以虚静为体的人性才能与美的自身、与天地万物直接照面。

从余工的手绘透出了七韵：雅韵、清韵、远韵、幽韵、深韵、道韵和玄韵。这是他多年修炼的结果，也是道家的功夫，尤其是右图那株富有生气的树。

图87：豫园万花楼，余工手绘，2013 年 5 月

图88：豫园花神阁旧址——万花楼，摄影作品

摄影作品再逼真，也不是"诗"。因为它不是抽象语言，没有升华为"上与造物者游""独与天地精神往来"（图88）。

余工手绘豫园建筑便有了一种形而上的超越。因为大美是在有限中看出无限，在有形中见出无形——这才是艺术哲学的空框结构，即"空间结构力量"。

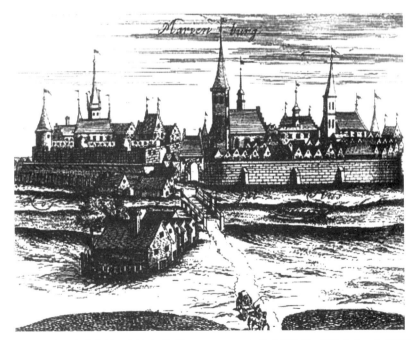

图89：原东普鲁士中世纪小城玛丽娅堡（Marienburg）的全城轮廓，手绘作品，作者不详

这是个艺术符号，所以高于现实的小城。此抽象符号虽粗糙，毕竟也有思虑通神，志气和平，参互错综之妙。它高于现实世界，高于具体砖石构筑的玛丽娅堡（图89）。

"一"对于东方人和西方人都有一种本能的、彻底的满足，形而上的哲学满足；满足之后可以瞑目去死的满足——这便是终极满足。

"一"有统摄宇宙万事万物的囊括力："唯圣人能属万物于一而系之元也。"（董仲舒《春秋繁露》）"桥"的功能在这里很明显了。

《老子》云："万物万形，其归一也。""一"即含万，万总为一。中国哲学的太极为太一；太极即极至，无以复加之义，指至高无上之本始。

我把"太一"称之为"太桥"，即最高、哲学意义上的桥，普遍宇宙万有桥——这才是余工手绘豫园《桥韵》的抽象符号，富有纯造型美。

无独有偶。西方哲学史也出现了"太一"概念。

它是由普罗提诺（203-270年）提出的。

那是他体内的基因和大脑结构驱使他追问宇宙的"太一"神圣存在。"太一"（The One，德文叫Ur-Eins），是哲学的最高本原，也是万物的开端，又是万物的终极目的。

"太一"作为"第一者"，如果它不存在，便没有之后的一切事物，便没有后面的一切。可见，太一是其他万物存在的原因；它是联结万物的"桥"。

普罗提诺说过："万物源自太一并且欲求太一。"在他的哲学中，万物都必须有生成的原因（本原），再往前追溯，"第一者"便是"太一"。这个最高本原是单纯的统一体，它是不可言说的。我们对之只有沉默，敬而畏之，肃然起敬。

我国《淮南子》则把"道生一"改写为"道始于一"。很妙。"一"是无形的混沌。在"一"的前面再也没有比"一"更根本的东西作为万物的本根。

我国秦汉时期，道为"太一"之道。这时中国建立了统一的中央集权国家，结束了诸侯分立的分裂、混乱局面。政治的统一，要求思想的统一，诱发了哲学抽象的统一——构建普遍世界（宇宙）万有桥。这才是余工笔下的《桥韵》最高指归，令笔锋透纸背。

这是人性的最高欲求。对于哲学家，这种欲求甚至高于自己的生命。因为这是收容、安顿自己灵魂的最后归宿：

"朝闻道，夕死可矣。"孔子这句格言便很能表达这种归宿的心愿。对这些人，追寻"道"或"太一"同衣食——"道心之中有衣食"是同样的重要，甚至更重要。

汉代中国历史学之父、伟大的历史学家司马迁喊出了"究天人之际，通古今之变，成一家之言"，是很有代表性的一句通神明的豪言壮语。它的本质

便是在天人、古今之间寻找一座普遍世界万有桥，得以联结、沟通——这桥，是抽象的，是世界哲学的，天下哲学的。

只有这样，"天道地道人道神道"才能串通一气，成为一个不可分割的整体——当然，神道是统帅，无形的君主，具有绝对的权威。

像司马迁这种伟人，两三百年才出一个。在他的体内暗暗涌动着对普遍世界万有桥的基因冲动，也有人脑结构的本能追求。

在20岁这一年，司马迁为了网罗天下流失的旧闻，他漫游了大江南北。这次漫游堪称壮举。具体的"道路"和"桥梁"一旦经过他的大脑过滤，便会升华为"普遍世界万有桥"，上升为抽象的哲学桥。

从"桥"的视角去看太极图，它才是最宏伟、最微妙的一座沟通"福与祸"的普遍世界的"桥"："祸兮福之所倚，福之祸之所伏。"福→祸，老子的语言构造，极精微、简约。孔子的"吾道一以贯之"也有"桥"的功能与神韵。

古希腊的四种元素：水、土、气、火为宇宙普遍万有桥。

古希腊哲学家天生就是一批架设宇宙普遍万有"太桥"的人。

泰勒斯（前 624-546 年）是西方哲学史上第一位哲学家，也是古代最著名的科学家之一。他的主要贡献是在天文学和数学方面。作为最早的哲学家，他是第一个用抽象的哲学语言提出世界万物的根源或来源的问题，并给予回答的人。当人们接触外部客观世界万事万物时总会产生一连串的追问：这些万事万物的本根究竟是什么？它们是从哪里来的？是怎样产生的？只有人类基因才会迫使人们这样去拷问；也只有人脑结构才会这样去叩问。动物不会去追问这个"玄"问题。

我写书，也是我的脑所驱迫。大脑是支配人一切的总司令部。

那么，是什么样的遗传学使我们独一无二地成为会这样去追问的人？要知道，我们的 DNA 和黑猩猩的 DNA 只有大约很小的一部分是不同的。研究人员发现，有三个基因可能在人类大脑和语言的进化中起着重要作用。也就是在这种大背景产生了像泰勒斯这样的杰出人物。他提出水是万物的本原（始基）。这符合"逻辑与存在"（Logic and Existence）这条最高原理。

因为整个希腊世界受地中海的包围。他们的一切活动处处和水发生密不可分的关系。难怪他提出了"地是浮在水上的"这个哲学命题，这种猜测。

水，成了普遍世界万有桥、太桥，是水把世界联结了起来。泰勒斯揣想，一切事物都是由水发生而又复归为水。像一切生物（植物和动物）都以滋润为原则，它们无一例外，都不能离开水。

以后的哲学家又认为，水、土、气、火这四种元素是相互转化的，其中当推水最有活力。从四种元素到整个世界并不是静止不动的，而是在不断变化和运动的。所以本原是变中不变的意思。泰勒斯所说的水，既不是某个池塘、某条河的水，也不是地中海的水，而是普遍世界的万有水、抽象的水、哲学的水——它是摒弃了人的感性而使自身成为概念上的水。只有这样，水才是普遍世界万有的"太桥"。余工笔下的《桥韵》也有这么一丁点味道和神韵。

因为哲学的"桥"和艺术的"桥"都是抽象的符号。

古希腊人发明的神话是架设普遍世界"太桥"最生动、最形象、最有感染力的语言。

世界因为有了神话而统一了起来。万事万物因为有了神话而极方便地得到了统一、和谐和完满的解释。神话是古希腊人发明的贯通普遍世界的黄金桥梁。神话是语言。于是，"语言→世界→存在"这条链接，这座最最伟大、最最根本的桥便凸显了出来。的确，天上人间，还有什么比"语言→世界→存在"这条链接更壮丽、更雄伟、更有效的"桥"呢？

"判天地之美"桥"析万物之理"（桥在这里是个动词）。这两句10个汉字是庄子的格言，是普遍宇宙一座最宏伟、最壮丽的万有"太桥"。我们不得不惊叹庄子的气魄和胆识！2000多年前，他便有这等高超的智慧。他的语言之简洁和精炼，堪称为世界一绝，至矣、尽矣，无以复加矣！

这句格言的同义反复同样妙绝："原天地之美，达万物之理"（原为源；达为桥）。

这两句因一个"达"字而联结了起来——这是普遍宇宙的万有"太桥"。"原天地之美"是追求宇宙的绝对美（The Absolute Beauty）；"达万物之理"是分析宇宙万物的绝对真（The Absolute Truth）。在这两者之间架设起一座金色的太桥便是绝对的善（The Absolute Good）。这是至善。哲学家在追求至善的过程中，才有"家园"的感觉。多亏了这座桥，把天地有大美同万物的绝对真、世界绝对的善联结了起来。

庄子关于"判天地之美"有另一种说法："天地有大美而不言。"可以说，"判天地之美桥析万物之理"是普通宇宙一等诗。它把"美·真·善"串成了一个统一体（即串成桥的功能）。

她的最高使命是使万事万物发生联结，有了逻辑上的关联，架设起了一座金色桥——神话的桥，归根到底是哲学的桥，既具体又抽象，满足人对因果律的追求。

神话使万千事物一下子得到了统一的完满与完满的统一。只有这样，人才吃得下，睡得着——这是人性决定了的（图90）。

图90：希腊神话中的女神

四、书法情结

书法情结的确是余工内心的一个情结。我们虽然不能说，他是从书法情结走向手绘建筑艺术的，但确实有书法这股思潮，这股暗流在他心中涌动。

在我国，书、画、诗、建筑、雕塑和哲学是糅成一团的。这是千年传统。这六种"语言"是息息相通的。它们的最高境界都是通"神明"："夫字以神为精魄。"（唐太宗李世民语）明代著名书家、画家、诗人徐渭坦白了自己是这样一种人："吾书第一，诗次之，文次之，画又次之。"因为他认定只有在书法中才能最淋漓尽致地舒发内心的郁结与伤痛。他的内心愤闷和苦痛只有在极度的书法自虐中才能得到发泄。他的字忽大忽小，忽草忽楷，笔触忽轻忽重，忽干忽湿，反秩序，反统一，反和谐，线条粗曲成泥沱，败絮，汇成泪滴、血丝，内心的困惑与绝望都凝聚在字里行间。他是真的疯了。他用斧头击破自己的头颅，血滴满脸，头骨皆折——这在中国书法史上，这样疯狂的怪人也是罕见的！

余工经常欣赏徐渭的书法，汲取营养。当然，他最推崇的还是魏晋的书法。那是中国书法的黄金时代。他偏爱从道家的哲学观去点评书法。所以余工多从"韵""神"和"飘逸"去谈论它。从许多书画家的笔记题跋中去发现真谛。不过晋人是以无意得之。

余工对当代书法家的作品也很关注，向他们借鉴。他有"蜜蜂采百花"的精神。例如画家李苦禅（1899-1983年）、潘天寿（1897-1971年）等人的书法。

徐渭的书法，以泥沱、淤血的效果抒写胸中之块垒，尤其是"万"字。"写"字，"浪"字也极佳。这里有"空间的结构力量"；这里有"玄"在；说不清道不出（图91）。

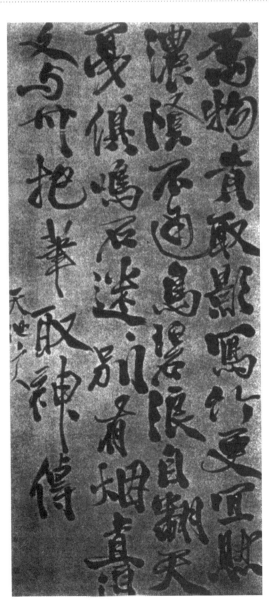

图91：徐渭的书法

今天的电脑、手机威胁着中国的书法艺术的发展与传承。人们出现了书写困难的趋势，更不谈传统的书法艺术了。年轻人不会用笔写汉字，只会用键盘敲字。

电脑、普通手机和智能手机等电子设备是很好的通信工具，但却加强了我们中国人书写能力下降的趋势。他们匆匆地依靠字母来读写，而不是直接使用约11种基本笔画、约200个偏旁部首书写汉字。电脑的普及正在改变我们的阅读、书写习惯。我们学汉字，不是一笔一划地写，而是一个一个键盘的敲打。键盘标识的不是汉字的笔画、偏旁，而是字母！若干年后，中国人还会写汉字吗？

丧失了书写汉字能力的人，还能算是中国人吗？

汉字是中国人的"精神家园"。

汉字是中国人的命根子。

中国书法艺术联结着我们的"精神家园"。

信札

Xin Zha

图92: 徐渭《青天歌》

此帖是否为徐渭的真迹，目前尚难确定（图92）。估计他有过这样狂放的风格。扭曲变态的笔法反映他丧失了内心状态的反映（图93～图95）。可见，一个人的字是他内心平衡的心态。余工的手绘建筑也是这个理，书、画是相通的。

图93: 李苦禅的信札

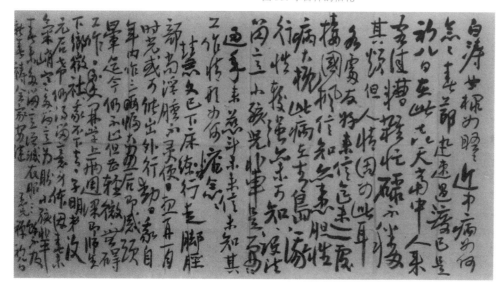

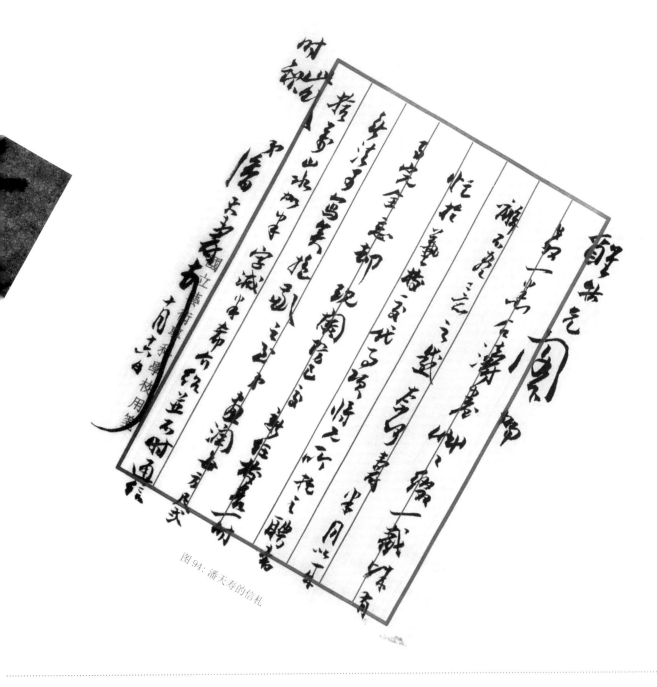

图 94：潘天寿的信札

图 95：赵朴初（1907-2000 年）的信札

画家的心态是平和的，这叫心正笔正。人正则书正。人正则画正，都是一个理。书画相通，符合庄子的命题："备于天地之美，称神明之容"（庄子哲学总是树立"天地"与"神明"这个最高标杆）。

余工的志向是寄情于抽象建筑手绘空间的"广漠之野"：空灵、恬静和荒寒（图96）。那里才是他的"家"——"心安即是家"。家，既不是江西武宁县，也不是广州，更不是伦敦。最近余工在伦敦买了一套120平方米的屋，有三层。他来回往返于这三处。他是在漂泊。深夜，他扪心自问一下："我的家在哪里？我有家吗？""我在画画的时候才有家的感觉"，余工心里这样想。

——这只是我的猜测，观察之后的猜想。

图96：豫园，上海老饭店，余工手绘

这幅作品反映了画家的"心正气和"。他的线条是种语言（图97）。

喜则气和而字舒，乐则气平而字丽。书、画皆如此。不过湖水却是粗狂的，放肆的，但有神韵。水的气韵、神韵。神韵由雅韵、清韵、远韵、幽韵、道韵和玄韵构成。其中道韵和玄韵级别最高，属于不可言说者。

图97：豫园，湖滨，余工手绘，2010 年 7 月 1 日

小吃铺

城隍庙

Xiao Chi Pu

画家以平常心执笔，画面充满了老百姓过日子的心态。悠闲自在便是福。

但在画面的背后却有余工的"道"，他视其为绘画的本源（图98）。"道"是书画的根本，也可以说，"道"为宇宙本体，把艺术语言同宇宙规律联结起来，又是架桥，又是"桥韵"在。可见余工的"桥韵"具有"普遍世界万有桥"的意味。

图98：城隍庙风味小吃铺，余工手绘，2010 年 7 月 7 日

海上第一茶楼

豫园

Hai Shang Di Yi Cha Lou

中国有茶楼，西方有咖啡屋。一个闹，另一个静，反映了民族的心态，我既爱闹又爱静。我像个钟摆，来回在闹与静之间摆动，求得平衡。静字里头有大学问在，那里有哲学。用静字可以写本哲学专著。哲学生于静。余工的画婉而多风、寓意婉曲，具有"镜生于象外"之妙（图99）。

图99：豫园海上第一茶楼，余工手绘，2010年7月10日

他接连画了两幅。他是意犹未尽。视角不同。这幅重虚、重空灵、重精与气（图100）。

古人说："故虎豹之文，蔚而腾光，气也；日月之文，丽而成章，精也。精与气，天地感而变化生焉，圣人感而仁义生焉。"诗、书法和绘画都是这个理。余工的手绘便富有"精与气"。文壮然后可以鼓天下之动。现实世界的茶楼实体（海上第一茶楼）没有这等功力。只有抽象的茶楼符号才有。

图100：豫园海上第一茶楼，余工手绘

城隍庙街区

上海

Cheng Huang Miao Jie Qu

以虚实并重的笔触，营构了建筑空间的气度——这里面有"道"，书法之"道"。画不知"道"，则气衰；君子学画，所以行道。这是余工的手绘同中国书法艺术的内在关系（图101）。

图101：上海城隍庙街区，余工手绘，2010年7月6日

城隍庙

上海

Cheng Huang Miao

人头攒动的狭窄街道一旦在余工笔下成了抽象的艺术符号便有了嚼头（图102）。这里有中国书法艺术的空灵和气韵。我们分析中国书法家的字，也可以分析余工的建筑写生：迷离变化，不可思议。

写汉字同余工的运笔有关联。余工注意到了这种关系，所以他谙熟书法艺术。他是穷玄妙于黑白线条，意远迹高，飘然物外情。

图 102：上海城隍庙，余工手绘，2010 年 7 月 6 日

豫园一景

Yu Yuan Yi Jing

图103画出了建筑空间的气韵，其笔力使点画荡漾于空间。因为画家摆布了黑色的线条，创造了广阔生动的空际。余工以画导志，梦寐以"空间的结构力量"为念，进入佛道两家一种审美意识高扬的灵魂状态。

图103：豫园一景，余工手绘，2013年5月

手绘上海豫园
（城隍庙）

楼
lou

阁
ge

厅
ting

堂
tang

殿
dian

观
guan

亭
ting

廊
lang

轩
xuan

榭
xie

舫
fang

台
tai

上海豫园（城隍庙）
——楼、阁、厅、堂、殿、观、亭、廊、轩、榭、舫、台

我们只有从"书画同源"的艺术角度去审视余工笔下的豫园建筑，才能有所悟，有所获。

——2013年夏日，创作手记

余工笔下的豫园建筑空间把实质，把物质，都统统蒸发掉了，只剩下黑白线条编织的空灵。那是一个抽象符号——楼、阁、厅……的符号。本质上，那是建筑诗。此处的诗是广义的。有数学诗、理论物理学诗、地理学诗和人体解剖诗……

人体骨骼结构在本质上是建筑的，它和谐、合理，进化使人骨形态结构不断得到改进，使之能适应人体的需要——这才是诗的真谛。比如肱骨，位于臂部，为典型的长骨。手骨的形态结构同样富有诗意。书法艺术、手绘艺术也是这个道，这个理。

清初有本关于书法艺术的《书筏》说（前面有提及）："字之立体，在竖画；气之舒展，在撇捺；筋之融结，在扭转；脉络之不断，在丝牵；骨肉之调停，在饱满……"。这个命题来自书法艺术，好像引自人体解剖学，特别是骨组织的构成。它和书法艺术能挂上钩。这是大自然的广义诗。

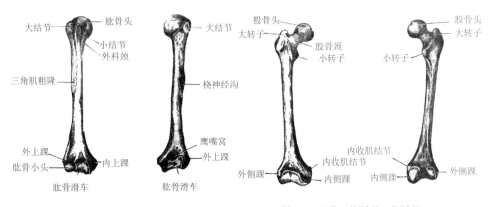

图 104：肱骨（右侧）（前面观、背面观）　　　图 105：股骨（前面观、背面观）

人体结构，说到底是建筑结构，是建筑之"诗"（图 104）。

股骨位于股部，是人体最大的长骨，可分一体两端。它在人体建筑结构之"诗"中扮演了重要角色（图 105）。

人体结构应该成为建筑手绘艺术家的教科书（图106）。因为两者都是结构语言。手绘画家理应向人体结构学习。本质上是画家向大自然学习。大自然永远是画家的博士生导师的导师。即便是手骨的系统和结构，也可以令画家骨惊神悚！

区区手骨堪称为"神品"，有神韵弥漫。它是一首建筑结构"诗"。

我把图107放在这里是为了树立参考系。因为手绘建筑也有个结构问题。本质上，人体结构与建筑写生语言结构有相通处。两者都是结构语言——我是一个泛结构主义者。

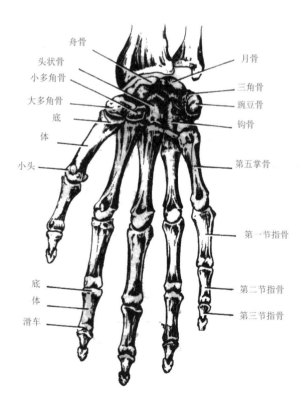

图106：右侧手骨掌面观

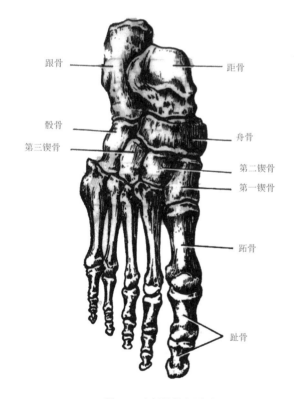

图107：右侧足骨上面观

一、豫园的地理位置和历史

豫园是一座精巧、雅致、秀丽的"城市山林"（图108）。走进豫园，就是走进历史。里面弥漫着中国古典园林的精、气、神。其最高境界是中国书法的气韵和神气：潇洒纵横，建筑结构里洋溢着神、气、骨、肉、血这五者——在这里，我用的都是书法艺术的术语。

豫园位于上海市中心的黄浦区，是明代的私人花园，建于1559年，完全体现了中国园林的建筑风格，是江南园林的一颗明珠。如今，它已成为上海观光的国内外游客的游览胜地。

国内有1853年小刀会起义指挥所点春堂；豫园铁狮子、快楼、得月楼、玉玲珑、积玉水廊（廊桥）、听涛阁、涵碧楼和古戏台等亭台楼阁及假山、池塘等40余处（大部分为仿明清时代的古建筑）。

豫园为全国四大文化市场之一，与北京潘家园、玻璃厂、南京夫子庙齐名。园内有多家著名饮食店，包括小笼包（著名的南翔馒头店，每天都有顾客排长队，为我亲眼所见），以及绿波廊及上海老饭店。

整座园林洋溢着幽静古雅的风韵，缠绵悱恻，令人陶醉。早在元代便有人赞叹："人道我居城市里，我疑身在万山中。"乾隆皇帝云："谁谓今日非昔日，端知城市有山林。"

图108:1907年上海城隍庙湖心亭，摄影作品

图 109: 豫园湖心亭大红灯笼（右）与对面陆家嘴刚好封顶的"上海中心"大背景，余工手绘，2013 年 8 月 9 日

豫园 湖心亭
Yu Yuan Hu Xin Ting

他一边作画，一边同我神聊。

他说，他的功夫是"舍去"和"打住"的功夫。

他的画法以气韵生动为第一。这是中国艺术精神（图109）。

图110这幅画把余工的"打住"和"舍去"概念演释到了极致。

他"舍去"了太多，剩下尽是空间，尽是空灵和空框。尽是"神飞扬""思浩荡"，意远迹高。这才是穷玄妙于意表，合神变于天机——这幅画最空灵。

图110：湖心亭，余工手绘，2013年8月

图111：豫园九曲桥、湖心亭和对岸浦东陆家嘴的摩天大楼林立。古典园林与现代建筑形成了强烈对比，摄影作品

图112：豫园全景和对岸陆家嘴夜景，摄影作品

把图111和图112放在这里是作为对比之用。

图113这幅作品才是妙极参神，但取精灵，遗其骨法，得其气韵。以气韵求画，则神似其间。尤其是浦东高楼大厦背景的隐约线条，更显空灵、有层次。

图113：豫园九曲桥、湖心亭和对岸浦东陆家嘴的摩天大楼林立，余工手绘，2013年5月

老街 豫园 Lao Jie

一个"老"字给人历史的厚重感，勾起人们对往事的回忆（图114）。

一个有回忆的城市才叫人眷恋，流连忘返。

"一生几许伤心事，不向空门何处销？"（王维）

"雁尽书难寄，愁多梦不成。"（唐诗）

图114：园内城隍庙老街，余工手绘，2010年7月4日

图 115：豫园内的"渐入佳境"一景，摄影作品

　　这里有摄影艺术的美（图115），我承认。但它不空灵。没有空灵的艺术构不成诗。诗的真谛在空灵。

　　"山际见来烟，竹中窥落日。"（南朝梁，吴均《山中杂诗》）诗中透露了空灵。只有空灵能经受时间的考验，百年，千年——这才是艺术永恒。

渐入佳境

Jian Ru Jia Jing

　　这是个纯抽象符号，简约、婉丽，这里有气扬彩飞，由道统帅，道在气上，故高于摄影作品（图116）。

图 116：园内"渐入佳境"一景，余工手绘，2010 年

整个园的立意构思（结构）和总体布局如下：用墙分隔成六大景区。各景区的大小、形状都不相同，各有自己的个性、主题、形态和特征；各有自己的布局、结构和意境，起到了"庭院深深深几许"的富有层次的美学效果——从中透出了总体布局的韵味。

这便是书法艺术的潇洒纵横生命形体。

这便是园内筋骨在先。书法亦如是。

我又联想起人体的骨骼组织构成，本质上这是系统网络和桥的思维。比如躯干骨，包括椎骨、胸骨和肋三部分。关于椎骨，幼年时有椎骨33块，不多但也不少，即颈椎7块，胸椎12块，腰椎5块，骶椎5块和尾椎4块。成年后，骶椎和尾椎分别融合成为一块骶椎和一块尾骨。

在谈论豫园建筑的时候，念念不忘自然是件好事。因为自然确立了最高法则。其他的一切都服从它。因为人体结构在本质上是建筑结构。整个世界，整个宇宙，也呈建筑结构。

关于肋，共有12对，均弯成弓形（多奇怪的造型啊！自然的设计肯定有它的原因）。肋可分肋骨和肋软骨两部分。肋骨细长，它的前端稍宽阔，与肋软骨相联结——这里又出现了"桥"！

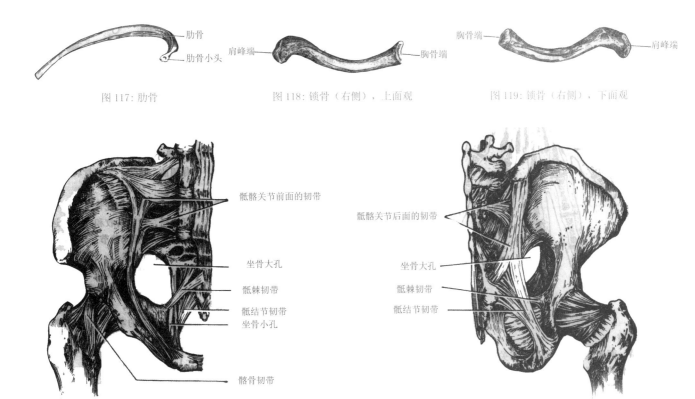

图 117: 肋骨　　　　图 118: 锁骨（右侧），上面观　　　　图 119: 锁骨（右侧），下面观

图 120: 骨盆的联结和髋关节，前面观　　　　图 121: 骨盆的联结和髋关节，背面观

这是造物主的系统和桥思维。中国园林是由建筑、山、水和花木四大造园元素组合而构成的艺术，理应向造物主的杰作——骨盆联结学习。

鸦片战争以后，中国各地面临剧烈的变动与震荡，上海也不例外。

一方面，由于农民与外界交往增多，农村社区的封闭状况逐渐被打破。非农业的就业机会增加，使得农民对土地的依赖程度相对减弱，原先建立在封闭的自然经济基础上的传统价值观和社会心理逐渐发生了变化。另一方面，在来自外部世界的生存挑战面前，上海被迫踏入现代化的门槛。转变是缓慢的。传统的习俗不仅继续保存，而且在新的条件下不断衍生。

庙会是中国特有的民间文化和经济现象。

上海重要的庙会有城隍庙会、龙华寺庙会和静安寺庙会，其中最热闹的是城隍庙庙会。

城隍庙是上海最高的土地庙。3月28日为城隍奶奶生日，庙内悬灯挂彩，热闹远超过城隍神诞日。倾城男女，如醉如狂，日夜前往参观，虽到深夜，依然灯火通明。

每逢庙会，总是人头攒动。华宝楼前，九曲桥上，城隍庙的老街，处处水泄不通。九曲桥广场，各色小吃应有尽有：汤煮、锅烧、笼蒸，各色小贩纷纷使出十八般武艺，大显身手。九曲桥上更是闹猛，赏鱼的，欣赏票友表演的，杂耍的，人流如注，如织。正月初五接财神的习俗在城隍庙更是不断衍生并得到强化："爆竹相连不住声，财神忙煞共争迎。只求生意今年好，接送何妨到黎明"（图122、图123）。

图122：清末上海城隍庙过年闹龙灯、接财神、放炮竹的景象

图123：民国年间的城隍庙九曲桥，摄影作品

清代上海有三大名园：露香园、日涉园和豫园。至今仅有豫园，且最著名。

豫园，潘元端（1526-1601年）建，上海人，进士，曾任四川右布政司。1577年，潘辞职回乡，萌念建园之念，在上海城厢内城隍庙西北隅家宅大片菜畦上悄悄聚石凿池，构亭艺竹，动工造园。

此后园越劈越大，池也越凿越广。万历末年竣工，总面积号称70余亩。全园布满了亭台楼阁，曲径游廊相绕，池沿溪流与花树古木相掩映，规模恢弘。

明代中、后期，正值江南文人、士绅造园兴盛时期（图124）。上海附近大小私家园林约160所。豫园是其中佼佼者。匾曰"豫园"，有取愉悦老人之意；有"安泰""平安"的祝福，足见潘氏建园目的是让父母在园中安度晚年，也是他本人退隐享乐之所。潘氏常在园中设宴演戏、相面算命、祝寿祭祖、写曲本、玩蟋蟀、放风筝、买卖古玩字画等。

潘氏在世时，已靠卖田地、古董维持大家庭的运转。他死后，园林日益荒芜。清初，豫园几度易主。康熙初年，上海一些士绅将豫园几个厅堂改建为"清和书院"。后几经破败，一些地方又成了菜畦，当年秀丽景色已成为一片荒凉：

"世事非难料，吾生本自浮。"（宋代，陈与义《感事》）

"成则公侯败则贼。"（《红楼梦》）

从中我们可以想见豫园的构思与布局。这里有中国书法的笔意；有潜意识的奇梦；从容地、不计年月地去营构，经营。不过中国园林的美会受到质疑。因为我是个大自然纯天然美的崇拜者。

我赞成米开朗基罗的观点："皮肤比衣着更高贵；赤裸裸的脚比鞋子更真实。"这话是对中国园林艺术的极大挑战。我拥护米氏的见解。但这并不妨碍我对余工手绘豫园建筑的满心赞叹。因为它是纯造型艺术的抽象语言。

图124：明代，《日涉园图卷》（局部）

清末上海

Qing Mo Shang Hai

图 125: 清末上海城墙
与护城河，摄影作品

图 126: 清 末 豫
园，摄影作品
　　上海历史博物馆
提供。这幅作品特别
珍贵，有历史价值。
源自"大清国邮局"

图 127: 清光绪年
间上海地方官员在豫
园仰山堂接待德国皇
孙海哪哩来游沪上的
情景，于豫园神山堂，
峯回路转城市山林之
中。绘画作品。现藏
于上海历史博物馆

　　图 125 ～ 图 127 为清末上
海的摄影作品。

鸦片战争时，豫园遭破坏。1842年，英军从北门长驱直入，驻扎在豫园和城隍庙，司令部设在湖心亭。1855年小刀会起义失败，清军驻扎豫园。香雪堂、点春堂、桂花厅、得月楼、花神阁和莲厅皆遭损毁。豫园作了兵营。

清嘉庆、道光年间上海商业发展较快，一些商业行会在豫园设同业会所，作为同业间祀神、议事、宴会和游赏处。此后园内茶楼酒馆相继兴起，商贩聚集。一些江湖艺人，相面测字、卖梨膏糖、拉洋片在此设摊，逐渐成为固定庙市，后演变成商场——直到今天的规模。

1875年豫园内有豆米业、糖业、布业等21个工商行业公所，还有公所设立的学校。民国时期，豫园已被一条东西小路（今豫园路）分割成南北两大块。古建筑破烂不堪，面目全非。

有些改建成民房。凝晖阁、清芬堂、濠乐舫和绿波廊分别成为茶馆、点心铺和茶楼。香雪堂于"八一三"淞沪抗战被日军焚毁。所幸园中的重要建筑如点春堂、三穗堂、大假山等一些亭台楼阁、古树名木仍得以保存。

解放后，豫园得到妥善保护。1956年经市政府批准，拨出专款，对豫园进行全面修复。修复重建被毁坏的三穗堂、玉华堂、会景楼、九狮轩等古建筑。疏浚淤塞的池塘，栽植大量花草树木，并把豫园和内园联结为一个整体——这里体现了系统思维。

修复后的豫园大门从原东南的安仁街迁至园的西南。除荷花池、湖心亭及九曲桥划为园外景点外，全园有大小景点48处。豫园恢复了秀丽、典雅的名园风貌。1961年9月，豫园正式对外开放。之后，仍不断进行修缮。

"文革"期间明代环龙桥被拆除，周围池塘被改建成防空洞，古园林格局遭严重破坏。

1986年，区政府决定，分三期工程整修豫园，参照清乾隆时期的豫园整体布局和构思以及江南古典园林的特点进行设计。1988年动工修缮古戏台，并新建两侧双层清式看廊。重放光彩的古戏台，建筑宏敞，装饰精美，画栋雕梁，使豫园增添了环境典雅、古趣盎然的新景点。

1989年发现三穗堂、仰山堂部分梁柱被白蚁蛀空。区政府决定抢修。1993年外观采用仿明清建筑形式，内部设施现代化（即"外古内洋"）的独特风格，与周边的城隍庙、古园林、九曲桥、荷花池、湖心亭及原有仿古建筑有机地融为一体。

豫园商城仿民清古建筑风格商业楼宇群于1994年竣工，工程由7栋新楼组成，总建筑面积5.7万平方米，特点是"外部建筑民族化，内部设施现代化"。

我为这种新建筑语言拍手叫好！它有自己的特色，其笔力惊绝，制造了一个壮丽、生动的建筑空际，可谓千变万化，得之神功，即"穷变化，集大成"。

1999年在豫园建园440周年之际，当时江泽民主席为这座江南名胜题词"海上名园"，矗立在豫园大门内。

文、雅、静、秀、婉、丽、柔、媚、幽、深、古、清、淡和精是中国园林建筑神韵之所在（图128）。

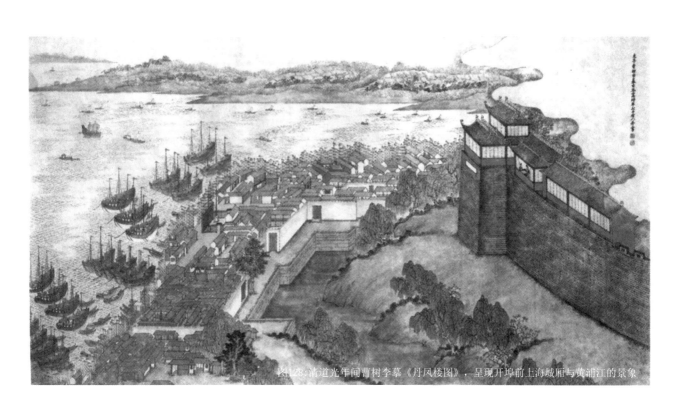

图128：清道光年间曹树李摹《丹凤楼图》，呈现开埠前上海城厢与黄浦江的景象

二、三穗堂

余工对"三穗堂"有特别的感悟。有感悟，才有许多心画要倾吐。他在不同场合曾多次对我提到这三个汉字一句："三穗堂"。

2013年5月，他一连从五个角度画了5张"三穗堂"，这在他的手绘建筑历史上也是罕见的！他对我说，他十分看重三穗堂内的三块匾额，富有哲学深意，从上往下的顺序是：

城市山林·灵台经始·三穗堂。

或者从下往上读，更符合逻辑，更符合"逻辑与存在"（Logic and Existence）的最高法则。

三穗堂是乾隆二十五年（1760年）重建。原名"乐寿堂"。"三穗"的典故出自"三穗禾"。据《后汉书·蔡茂传》记载：东汉蔡茂在未升官之前，一天做梦，见自己坐在大殿的梁上，梁上长出一根有三支穗的禾，急忙去摘，仅拿到其中一支，梦就醒了。次日经释梦者确认，梁为栋梁，梁上有禾，暗示有俸禄，可升官。

梦醒"穗"失，将"禾"与"失"联结为"秩"字。一切都会符合官场的"秩序"可升迁——这是好预兆。不日，蔡茂果然荣升。后来，"三穗"这个典故用来比喻读书人可飞黄腾达。匾额"灵台经始"之意为天降祥兆，国泰民安（图129、图130）。

"城市山林"之美为城市之中充满山林自然野趣之园林。

余工热爱、崇拜、敬畏土地。花草树木皆出自土地。一切生命（牛、羊、鸡、鹅……）皆由土地养育。

千年中国的传统农民室内皆有对联和匾额，上面书写了汉字，指导规范人们的行为。今天这种传统开始消失了。"城市山林"在于提醒人们，要念念不忘土地——我们的命根子；要念念不忘山林、小溪、湖泊、草地、河流：

"习习和风，扇万物而条畅；迟迟丽景，照八极之文明。"

"城市山林"匾额系清代兵部侍郎陶澍所书。抬头一看，始有一股山林清风迎面扑来，人的精神为之一爽……

图129：豫园总平面布局示意图

　　在中堂内悬挂着《豫园记》,不仅让游人在赏园前就对各园概貌有了一个通盘了解,同时也可看出该建筑的显赫地位,有如一部书的导论或序(图130、图131)。

图131：三穗堂内三块匾额：三穗堂、灵台
经始、城市山林，摄影作品

其中最打动我、触及我灵魂的是"城市山林"。因为我渴望田园。城市里的乡村，城市里的山林，尤其珍贵：

"露桥闻笛，沉思前事，似梦里。"（宋代，周邦彦）

"去年今日关山路，细雨梅花正断魂。"（苏轼）

如今到处都是土地、空气、水质污染。我渴望干干净净的田园、山林和牧场。

我这种人喜欢城市文明生活，又热爱山林、田园的大自然野趣。最好的办法是像个钟摆，来回在城市和山林之间摇摆不定。这样，"城市山林"便是理想之地了。

图132：三穗堂（内景），余工手绘

余工特别欣赏三块匾额。他说客厅里有块匾额，几个典雅汉字，把人的精神世界霍地提升到了一个很高的境界，这是中国千年传统民居建筑最亮丽、最闪光的一道风景（图132）。

他说，他为上亿乡村村民设计屋，一定要把这道传统风景继承下来，不能丢掉！——这是他多次亲口对我表达的愿景。他是一个很执着的人。他忠于自己的追求，认定了目标，便一直穷追不舍。青春时代，他的热恋也是这股劲。如今他做了爷爷，但他对手绘建筑艺术的追求更热烈、执着、稳重。那是成熟的稳重，这从他的作品可以看出来。他是"好好学习，天天向上"的人，我可以作证。

三穗堂

图 133：三穗堂（内景），余工手绘

　　他的富有律动和神韵的线条编织了抽象的建筑空间，那是视觉符号的空间，具有空间的结构力量（图133）。

　　别忘了，正是视觉的和空间的抽象符号创造了绘画、建筑、雕塑等艺术形式。

　　余工的手绘以空灵见长、取胜：云半片，鹤一只；随所适，无处觅；霏漠漠，澹涓涓。

　　我国古人认为，为了把画画好，必先把字写好。可见书画的密切关系。两者均受空间结构力量所支配。不仅如此，古人还认为，艺术造型的规律即宇宙运作的规律，前者是后者的映象。

　　这是一幅写意画，倾注了画家的灵感，超过了写实的层次，达到了纯造型美的抽象层面。余工作画，速度极快，不过十几分钟，可谓"信手""潇洒""洒脱"，一挥而就，但却抓住了空间的结构力量（图134）。

图 135：三穗堂，余工手绘，2013 年 5 月

　　线条更为洒脱、空灵，没有团团的墨汁泛滥，全是抽象的几何线条组成了、编织成了"空间的结构力量"（图135）。我联想起北京四合院的室外蝉声，院内清风的幽静小院建筑。大门的门扇上写有对联："忠厚传家久，诗书继世长。"进门后的座山影壁上刻有"福禄""平安"砖匾——这便是余工称赞的传统文化，他呼吁设法保留、继承。

有感于堂内建筑空间的神韵，余工特提起笔，写下了几个汉字："山野深藏峰，高树古湖亭；遥对桥曲波皱。"余工眷恋湖畔小亭："心宽忘地窄，亭小得山多"。（宋代，戴复古《题春山李基道小园》）"寒山亭下水连天，飞起沙鸥一片。"（宋代，张孝祥）

湖亭建筑小空间能勾起人的诗意：芬草自分南北道，垂杨相送短长亭——这便是典型的"城市山林"意味了。久住大城市的人，谁人不向往、钟情于山林？抽象的"城市山林"符号有助于人们解渴（图136）。

图136：三穗堂，余工手绘

图 137: 东西互应的瓶门，摄影作品

用瓶子造型作为门的有趣结构是中国园林建筑一绝，非常雅致，别具一格（图137）。而且东西两道门相互应答，妙趣横生，充满了情景交融，诗情画意的境界，且富有节奏感和韵律感，给人以视觉美学的享受：

"临水朱门花一径，尽日鸟啼人静。"（宋诗）

穿过瓶门，自会有诗的灵感猛地袭来。

作为一个抽象的建筑符号，它显得特别典雅、可爱，充满了诗意，最为我所推崇，堪称神品。

画家用稀疏的寥寥几笔，即勾勒出了一扇瓶门，十分精致、清丽，有种神韵弥漫期间（图138）。

它远远超越了现实世界的瓶门，因为它"尚韵""尚意""尚态"——正是孟子所谓："颂其诗，读其书，不知其人，可乎？"

余工这幅手绘是"打住"和"舍去"的典范，剩下的只是一个"空框"结构，极妙绝！

图 138: 瓶门，余工手绘，2013 年 5 月

图 139：东西互应的瓶门，余工手绘，2013 年 5 月

　　这个独特的建筑空间深深触动了余工，所以他再次提起了画笔（图139）。余工把自己的内心感受一寓于书，一寓于画。他手绘建筑时的心态是绝虑凝神。所以他的书法为神品或妙品，尤其是这幅"瓶门"。它是一个抽象符号，自有一种空间的神秘结构力量——在这里，我们只有用一个"玄"字。

三、卷雨楼和仰山堂

三穗堂北面紧连的两层楼建筑，底层是仰山堂，上面是卷雨楼。该楼面朝大假山（高达14米），中间隔一开阔水池，观赏时须仰视，故建筑取名仰山堂。堂的北侧设有回廊。

"将入佳境"游廊，我在前面提及过。

卷雨楼的飞檐角，其造型独特，引起了余工的关注，落进了他的画笔（图140）。隐于大假山山顶的望江亭也拨动了余工的心弦，驱迫他作画。那也是他的书法艺术，再次表达了他创造的"空间结构力量"："戍兵昼守滕王阁，驿马秋嘶孺子亭"。（元代，刘洗《登滕王阁》）孺子亭，三国时而建，故址在南昌。

小时候，我常去那里游泳。"寂寞滕王旧时阁，秋风斜日下城头。"（元代，吴师道《江西滕王阁图》）

不过现实世界的滕王阁只有升华为诗歌、绘画和书法的抽象符号，成为"空间结构力量"，成为中国书法纯造型美，才具有一种神韵，凛之以风神，鼓之以枯劲，和之以优雅。屋角高高翘起，形态十分优美、飘逸，成为中国古园林建筑极富有表现力的重要组成部分。当人们走进卷雨楼、涵碧楼和快楼，十多个檐口的鸳鸯翼角（飞檐翘脚）便给人腾飞的美感，整个建筑也有飞动之势——这是整个豫园建筑楼阁屋顶的一道迷人景观。

图140：渐入佳境，余工手绘

科学、艺术和哲学领域的妙绝均有"渐入佳境"的过程，需慢慢品味咀嚼，方能见出真谛。中国山水画所呈现的缥缈空灵、清高静寂的淡泊、幽远自然气息，对园林构思的影响是很深层的。因为画家寄托了超然的胸襟和情怀。别的不说，就说初中课本出现的圆周长公式 $C=2\pi R$ 的高超境界便要我们渐渐琢磨、

入境。因为看似简单，但仔细深究，该公式通神。因为公式里头有个神秘的基本数学常数 π。小数点后2.7万亿位它还没有穷尽！

纯粹数字需要我们"渐入佳境"；理论物理学同样需要。人体解剖学又何尝不需要？从中我们能见出造物主的智慧设计和布局，包括颅骨和脑神经系统。

就其艺术（诗意含量）而言，摄影建筑比不上手绘建筑（图141～图143）。因为它从有限中看不出无限。因为美是在有限中看出无限。因为它还不"备于天地之美，称神明之容"。（庄子语）因为它毕竟不是纯造型美，与"玄"不沾边。

图141：豫园耸翠亭，摄影作品

图142：从另一个角度看望江亭，摄影作品

图143：隐于大假山山顶的望江亭，摄影作品

豫园的亭子 Yu Yuan De Ting Zi

这是一个抽象的亭子符号，不对应某个具体、特定的现实建筑世界的亭子，恰如 C=2πR 是个数字园，不具备对应现实世界的特定园（硬币、扣子、茶杯盖……）。

亭子在中国园林建筑中有着独特的审美价值："蒲云空入滕王阁，湖水深藏儒子亭。"（明代，胡子祺）这样的亭子建筑才具有"空间的结构力量"。"遥夜沉沉如水，风紧驿亭深闭。"（宋代，秦观）

这样的亭子建筑是凄凉的，悲伤的，但不失其美（图144）。因为凄凉和悲伤一旦抽象为纯艺术的空框结构便有咀嚼不尽的美感——这是很奇怪的人脑现象。

图 144：豫园的亭子，余工手绘，2013 年 6 月

四、屋顶脊饰

中国古建筑屋顶因不同等级的建筑采用不同的形式。按等级依次排列应是：重檐歇山顶、单檐歇山顶、悬山顶、硬山顶、攒尖顶和卷棚顶……。其中攒尖顶和卷棚顶外观轻巧、柔润，多用于园林中的亭、轩、榭的建筑（图145～图148）。

因此，这些富有神韵的中国古建筑的屋顶不仅美观，而且从屋顶造型即可知道该建筑的等级和使用性质：

（1）采用重檐歇山顶者有仰山堂·卷雨楼，万花楼、会景楼、快楼、涵碧楼、听涛楼。

（2）众多的建筑采用单檐歇山顶，如三穗堂、萃秀堂、玉华堂、绮藻楼、得月楼、点春堂、静观、和熙堂、小戏台和古戏台。

在大屋顶上正脊的两端各有一只似龙头的嘴。这是传说中的龙的九子之一，是中国古建筑屋顶上的威龙，起镇火灭灾的作用，遇火时尾巴一翘就喷水。余工非常重视这个威龙符号，这个威严、权势和镇慑的象征——他当面对我说过多次，说话时双眼放光，所以威龙落进了他的手绘世界。

狮子则象征勇猛、威武、霸道和避邪制恶。屋顶上还设置一些神话和戏剧人物或历史故事，如嫦娥奔月、仙女散花、麻姑仙女等，非常热闹。

图145：涵碧楼屋顶翘脚，摄影作品

图146：豫园建筑屋顶上的人物雕塑符号，摄影作品

屋顶脊饰是中国古典建筑最优美的部分。不少西方人对我谈起这个美学符号。这个符号把中国古典建筑的语言同欧洲传统建筑语言区别了开来，就像英语、法语、德语同汉语明显地区别了开来。

屋顶脊饰 Wu Ding Ji Shi

图147: 涵碧楼的屋顶造型艺术语言, 摄影作品

图148: 卧在墙头上的穿云龙, 摄影作品

余工赞叹这个装饰。他本人是建筑装饰艺术专家。我的好几位德国朋友也赞叹这个雕塑符号, 用墙体捏成一个整体, 表现了中国古代建筑师丰富的想象力, 归根到底是营构了"空间的结构力量"。龙只在皇宫出现。在豫园出现是个奇迹!

余工也百思不解。

图 149：卧墙的穿云龙，余工手绘，2010 年 7 月 5 日

这幅作品表现了"空间的结构力量"，有穿云龙的气韵
和骨力（图149）。

宋代邓椿有言："画之为用大矣。盈天地之间者万物，
悉皆含毫运思，曲尽其态。"故画法以传神和气韵生动为第一。
余工的卧墙的穿云龙便有此等势力。

图 150：豫园屋角，余工手绘，2013 年 5 月

　　这是豫园全体屋角造型的集合抽象符号。余工在画面上的左上角写下了"豫园屋角"四个字（图 150）。

　　古人关于画有言："夫画者成教化，助人伦，穷神变，测幽微，与六籍同功，四时并运。发于天然，非由述作。"这是画的最高功能和境界极至，也是余工的努力大方向，终极方向。它不能最后达到，只能不断逼近。在逼近的无限过程中，人的精神会振作，提气，奋发；会变得年轻——余工便是这种人。这也是我所认识的余工。他是一个充满活力和创造力的硬汉。只有这样，艺术语言才会"妙将入神，灵则通圣"。

豫园屋脊

Yu Yuan Wu Ji

图 151：豫园，宝瓶屋宇，余工手绘，2013 年 5 月

　　"宝瓶屋宇"是余工写下的四个字（图151）。他是有感于花瓶几何造型的美丽发出的赞叹。用花瓶作屋顶是一种独创。

　　古人推崇绘画："画者圣也，盖以穷天地之不至，显日月之不照。挥纤毫之笔，则万类由心，展方寸之能，而千里在掌"。这是对"空间的结构力量"的赞叹。该力量是上帝的显现。我国古人有"上帝"这个概念，不是来自西方："历者（即历法——赵注），天地之大纪，上帝所为。"（《汉书》卷二十一《律历志》）

　　这是"时间的结构力量。"

　　余工惊叹了空间，也就惊叹了时间。

图152的书法风格极为独特，肃然凛然，殊可畏也。康有为称文是"奇伟惊世"，显示出"空间的绝对结构力量"。

当余工用画笔概括豫园屋顶或屋角时便具有这种绝对的结构力量（图153）。这是我的感受。

图152：三国时吴国的《天发神忏碑》，现仅流传拓本

图153：豫园屋顶的抽象，或抽象的屋顶，余工手绘，2013年8月

这仅仅是一个符号。概括万事万物，也是符号。符号是一种无声的文字，太极图便是这种字。笛卡尔直角坐标系统也是这种符号，该坐标系可谓神通广大，涵盖"天地人神"，统统包揽无遗。

树与屋

Shu Yu Wu

  这力量通神，通道，道即一。西晋人葛洪认为："道起于一，其贵无偶，各居一处，以象天地人，故曰三一也。天得一以清，地得一以宁，人得一以生，神得一以灵"（注意，葛洪第一次提出了"天地人神"）。

  余工笔下的手绘建筑符号为极妙文字，可称为图腾加以崇拜。"树与屋"之间的关系永远是余工笔下的一个永恒主题。它是"人与自然"关系的一种具象符号。在余工绘画世界，它变成了一个抽象符号：没有屋的树，失去了依附，孤苦伶仃；没有树的屋，孤家寡人，孤掌难鸣。所以在余工的手绘建筑世界，他会想方设法在屋前种一株空灵的树，我们仿佛听到万叶吟风的沙沙声，姗姗可爱（图154）。余工在画面空白处写下了"树与屋，屋与屋之间"这一句。他要表达的是"树与屋，屋与屋之间"的"空间结构力量"。

图 154：树与屋，屋与屋，余工手绘

图 155：余工在图右空白处写下了"湖滨·绿·湖·树"这几个字。时 2013 年 8 月 9 日。这是很重要的一天，全发生在 5 个多小时内（早上 6 时至上午 11 时许）。我陪同余工画画，我在他旁边，细心观察

这幅作品重点突出树，树的体量特大（图155）。当然树在他笔下仅仅是个抽象符号。树是有生命的。"金风入树千门夜，银汉横空万象秋。"（温庭筠）在树与银河之间架设起一座无形的、普通宇宙万有桥，这是汉字的空间结构力量，伟哉，壮哉！

点树皆移山，枯林瘦可怜——可见寒冬的树更富有深深的诗意，为我所推崇，激赏！云晴天地，枫树凋翠，寒雁声悲——把这三个符号串在一起，构成了一个悲惨冬日的符号系统，表达了"空间的结构力量"，令人望而生畏，但又陶醉其间！这是"人以悲为美"的情结。这是人脑现象，百思不得其解。

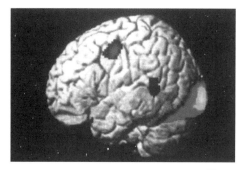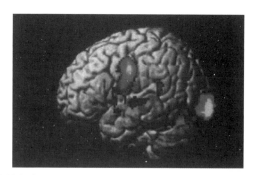

图 156: 人的大脑

只有人脑才能感受和认知空间结构力量、时间结构力量和物质结构力量（图156）。没有脑，余工的手绘建筑艺术也是等同虚设。欣赏、惊叹他笔下的抽象符号，也要靠人脑有关机制的运作。

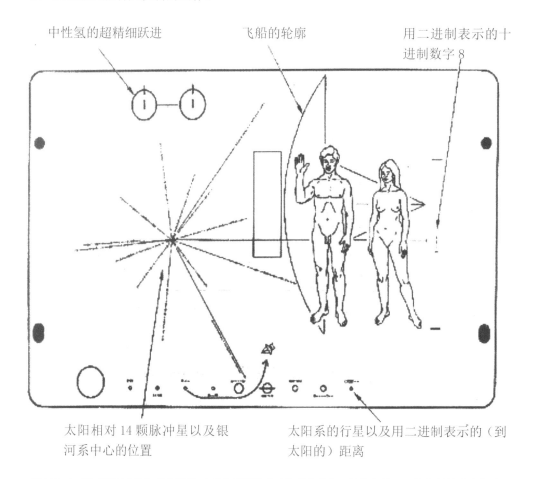

中性氢的超精细跃进

飞船的轮廓

用二进制表示的十进制数字 8

太阳相对 14 颗脉冲星以及银河系中心的位置

太阳系的行星以及用二进制表示的（到太阳的）距离

图 157: 由"先驱者 10 号""先驱者 11 号"所携带的"地球名片"（均为符号），将它发射到浩瀚无垠的宇宙空间，为的是搜寻外星人，与之发生联系即搭桥

计算结果表明，宇宙间银河系大约有2500亿颗恒星，其中约有100万个技术文明社会，即掌握了射电天文学的社会。

余工的手绘建筑也属于抽象符号。把它发送到宇宙，可以告诉外星人有关人类与建筑、树木的关系。外星人能看懂吗？

豫园绿波廊

Yu Yuan Lü Bo Lang

图 158：豫园绿波廊，余工手绘，2013 年 8 月 9 日

　　这个抽象符号，远远冲淡了饭店建筑的狭小框架，而上升到了
"普遍世界的万有结构"（图158）。

　　它可以作为地球上一种抽象符号发送到宇宙空间，与外星人交流，
告诉外星人有关建筑的本质——这是空间的结构力量。外星人也有建
筑吗？建筑是地球人特有的存在形式吗？还是普通宇宙万有的语言？

图 159：豫园屋顶造型，余工手绘，2010 年 7 月

　　这是一个抽象符号（图159）。它追求清远、通达和放旷之美，追求古韵：雅韵、清韵、远韵、幽韵、道韵和玄韵，这是中国艺术精神。

图 160: 豫园屋顶艺术，余工手绘，2013 年 5 月

　　这幅作品才是画家"得之心，应之手"的成就（图160）。

　　人类的一切创造归根到底是"手脑并用"的硕果。

　　这里有气象萧疏，台阁古雅，鼓荡着手绘艺术家、线条诗人余工的超越心灵——这便是"神格"，即传神之格，思与神合。这幅画"舍去"的地方太多，"打住"的地方也太多。剩下的便是神韵。

屋顶造型艺术

城隍庙

图 161：城隍庙屋顶造型艺术，余工手绘，2013 年 5 月

余工心系屋顶，从不同视角作画，用笔和结构达到迷离变化（图161）。这便是书法理论家包世臣所说的："一望唯思其气，充满而势俊逸"。

图162：豫园，城隍庙，余工手绘，2010年7月4日

余工深有感悟，特写下了两句八个汉字："空间神圣，吉祥人神"（图162）。弥漫在屋顶的空间，因有股"空间的结构力量"，所以神圣。"天地人神"四者相通，吉祥。才是最高幸福。"空间的结构力量"形成了文字（汉字），骨丰肉润，人妙相通，吉祥人神，怎不觉得满足，幸福？

图 163：城隍庙穿云龙，余工手绘，2013 年

在余工的内心深处有个"龙"情结。他跟我多次郑重其事地神聊起豫园的"龙"（图163）。

首先是龙，然后才是狮子。我则崇拜骏马，每个人的内心都有个动物情结。估计没有人崇拜蛇或蜈蚣。古代写龙的诗人不少，但谁也不曾见过龙："龙在水底吟，凤在山上飞。"（宋诗）"龙在石潭闻夜雨，雁移沙渚见秋潮"（唐诗）"深夜降龙潭水黑，新秋放鹤野田青。"（唐诗）

图 164：从另一个视角审美豫园卧墙穿云龙，余工手绘，2013 年 5 月

图 165：书法《舞》，秦胜国

这只是个有关"龙"的抽象符号，也是一个有关"龙"的汉字写法（图164）。在这里，我是从书写一个汉字的观点来审美"龙"字，犹如审美"舞"字（图165）。

唐太宗李世民论书法时讲过："夫字以神为精魄，神若不知，则字无态度；以心为筋骨，心若不坚，则字无劲健"。

这充分表明了余工的"龙"情结之深厚（图166）！

这里有余工的"风神骨气"，有他的笔法"骨韵"。手绘建筑，不过传神而已。

余工手绘建筑就像中国山水画家，企图在大自然的山水中找到安顿自己灵魂的场所，余工则是为了安顿自己整个生命。因为土地生出了建筑，没有土地，哪来建筑？建筑像林木，只从土地（或广泛的说法是"大地"）长出来。

余工热爱建筑的原因，因为建筑是依托大地而成立的——这点很重要。余工的建筑情结根源于他的"土地情结"。土地是建筑的基础。所谓"地基"便是这个意思。

图166：又一幅卧墙穿云龙，余工手绘，2013年5月

园林空间洋溢着活跃、灵动之感。这是"空间结构力量"的显示。

世界上归根到底只有三种力量：

时间结构力量；

空间结构力量；

物质结构力量。

即便这是摄影作品，也给了我们这种"神明"存在的暗示（图167）。

图167：豫园啸月洞门和睡眼龙，摄影作品

图 168：鲤鱼跳龙门，砖雕，位于双龙戏珠门楼的门楣上，摄影作品

图 169：会景楼景区"山辉川媚"门上的双龙戏珠，摄影作品

民间传说"鲤鱼跳龙门"比喻科举制度下的中考者，发愤读书，光宗耀祖之意（图168）。

我国园林雕塑艺术在墙头上用足了功夫（图169）。

图 170：豫园屋脊各式泥塑、泥像及砖雕，如"八仙图"和《关公》等，摄影作品

图 170：这些造型艺术激起了余工的创作灵感。他要把它转化为抽象的符号语言（图171～图173）。

古人说："传神者，气韵生动是也"。

屋顶雕塑

豫园

Wu Ding Diao Su

图 171：屋顶雕塑造型，余工手绘，2013 年

屋顶造型

豫园

Wu Ding Zao Xing

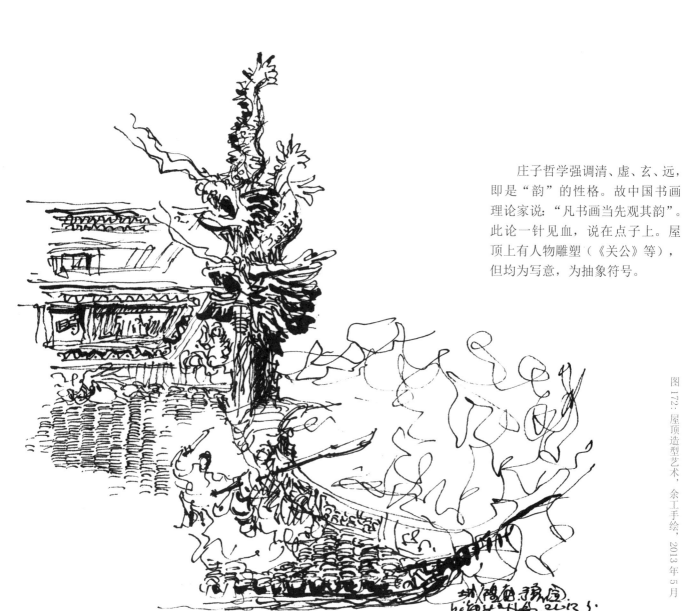

庄子哲学强调清、虚、玄、远，即是"韵"的性格。故中国书画理论家说："凡书画当先观其韵"。此论一针见血，说在点子上。屋顶上有人物雕塑（《关公》等），但均为写意，为抽象符号。

图 172：屋顶造型艺术，余工手绘，2013 年 5 月

不是写实，而是抽象的，类似原始象形文字之追求物象（青铜器的花纹）。

图 173：墙头屋顶龙头脊饰，余工手绘，2013 年 5 月 20 日

豫园 神兽 Shen Shou

图 174: 神兽（鳌），余工手绘

　　镇邪护宅的保卫作用，即镇楼兽（图174）。这是一个象征，人的精神偏爱生活在象征（符号）世界。这是人与动物的巨大区别之一。

　　分析余工这个字，一画之间，一点之内，都含有微妙变化。为的是创造诗化空间，表达"空间的结构力量"。余工运笔迅速，他的草书是抽象的玄意挥洒，他的手绘本质是中国书法艺术。

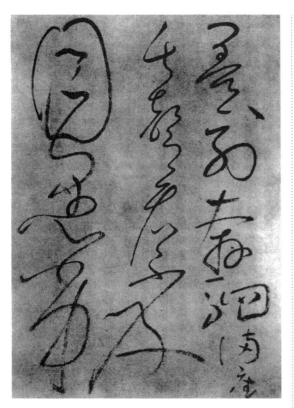

图175: 怀素, 我国书法史上著名的书僧

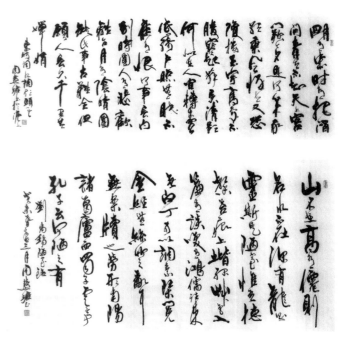

图176: 周慧珺 (生于1939年) 行书

在《自叙帖》中,他说:"怀素家长沙,幼而事佛,经禅之暇,颇好笔翰"。他把书法和佛法联结起来(这在本质上又是"桥");"狂来轻世界,醉里得真知""师不谈经不坐禅,筋骨唯于草书妙"。怀素笔致粗细浓淡属于空间的绘画效果。笔与纸接触的轻重,反映书者情绪变化。他的线条缭绕曲折,形成了一个个汉字。余工的手绘神兽也有类似意味。从怀素的书法艺术,余工吸取营养(图175)。

余工也向当代书法家学习。他是个虚心学习者。他是"有奶就是娘"。上面的行书属于纯造型美。内容是东坡的词,还有刘禹锡的诗(图176)。

余工对我说过,他也时时琢磨、比较当代书法家的纯造型美。他有苏东坡的胆识和胸襟:"诗不求工,字不求奇,天真烂漫是吾师"(图177)。

图177: 魏启后 (1920-2009年) 的行书

图 178：余工内心有个"狮子情结"，余工手绘，2013 年 5 月

豫园 狮子 Shi Zi

　　他崇拜狮子的霸气，这兽中之王。早年他在商场上拼搏 10 年，靠的是商场上的智慧和果敢，以及勇猛和霸气。如今他静下来，作"静观"。手绘建筑便是他"静观"世界的最佳方式（图 178）。

图 179：铁狮，余工手绘，2013 年 6 月

　　这只是一个有关狮子的抽象符号（图 179）。它把质（铜或铁或石）统统蒸发掉了，而形成了一个空灵、空旷的类似几何学的纯粹数学符号。

　　余工的内心渴望有狮子的雄风四起。他画狮，遵从六要：一曰气，二曰韵，三曰思，四曰景，五曰笔，六曰墨——这也是手绘艺术的六大要领。他善于不拘一格地向古人、今人学习。

豫园内这一对狮子铸造于上海建县之年，匠人为河南人。

余工多次反复把园内狮子作为手绘对象（图180），说明他的内心"狮子情结"的执着、深沉和厚重。狮啸深谷底，鸡鸣高树巅；猛狮凭林啸，玄猿临岸叹。余工借狮子的霸气，抒发自己心中一团浩然之气——这也是"借酒浇愁"也是"对酒当歌，人生几何？"

图180：豫园内一对元代的狮子，余工手绘，2013年6月

余工有所感悟，写下了这一句："九狮护航，自然楼业兴旺"（图 181）。

图 181：豫园，九狮楼，余工手绘，2013 年 6 月

图182: 豫园内的铜质大象, 余工手绘, 2013 年 5 月 29 日

余工亲口告诉我, 有一天, 他看见一尊铜质大象在商场门口, 小孩在上面爬上爬下, 象身已经磨光了, 可见"象"这个符号讨孩子喜欢, 也引来商机。穿云龙是招财的, 狮子是镇宅的, 象是负重的。三种动物, 各司其职, 各有分工, 这样豫园才是一个和谐的家园。所以面对铜像, 他情不自禁地拿起了画笔。这才叫"正书法所以正人心, 正人心所以开圣道"。

余工把他的手绘, 把手绘的书法功能, 提升到了"开圣道"的层面(图182)。所以他画画很开心, 有种自由、自如、自在感, 解脱感。他画画, 是种高级享受。

最后我想说, 大象鼻子的灵巧与敏捷绝不亚于人手, 并且还有非凡的触觉和嗅觉。所以豫园放铜象是一个绝好的象征。大象看起来笨, 其实挺机敏的。

五、内园

建于清康熙年间（1790年）的园中之园——内园（图183）。

内园侧门有门额"山辉川媚"。西侧有甬道。当时为城隍庙的后花园。内园面积较小，仅1456平方米，但布局十分精致，万堂楼阁，亭榭舫廊，古戏台及假山，水池，名木古树等，可谓麻雀虽小，五脏俱全。

园内有五条龙，其中睡眠龙就卧在耸翠亭东侧的围墙上。园内还有元、明、清代建造的八对狮子。

内园以中间的假山为界分两部分：以静观为中心的北半部和以古戏台为中心的南半部。假山横伏其中，起到"隔"和"藏"的作用。

六、静观

静观大厅又称"晴雪堂"，是内园主要厅堂，造得雕栋画梁，轩昂高敞，堂面阔5间，进深3间，厅前有两尊石狮，厅内有"静观"和"灵沼崎"两块贴金匾额。

余工对"静观"之名深有感悟。他多次对我说起。静观之名，取自古语"静观万物皆自得"。科学、艺术和哲学三大领域的一切伟大成就均得自"静观"。

《老子》有言："致虚极，守静笃，万物并作，吾以以观其复""坐于室而见四海，处于今而论久远"（荀子）"以近知远，以一知万，以微知明"（荀子）。

屋顶为单檐歇山顶，并设置斗拱，有三层雕砖。中枋，以园名"内园"居中，左右两侧各有文戏和武戏的展开。

历史人物有周文王访贤，郭子仪上寿和刘备三顾茅庐等。这一切都引起了余工的兴趣。

图183：内园门楼及门前一对石狮子，摄影作品

建筑空间飘逸，有神韵，尤其是人物，与建筑交织成了一种和谐的气势。结构严密，笔画相扣得很紧凑又空灵，达到了高度的凝炼。无论眼力的敏锐还是手腕的操作，都堪称为优秀的"书法家"。这才叫"穷变化，集大成"。是的，我把余工称作为优秀的"书法家"，因为他是从中国的书法艺术去走近、观照、审美建筑空间的（图184）。

图184：内园门前，余工手绘，2013年5月

图185：静观楼前，摄影作品

静观楼（图185）的实质是哲学沉思楼。哲学思索是退，一直退回到自己的内心世界。哲学就是内视。哲学是把目光收回来，关注自己的内心世界：宁静致远。

"天地合而万物生，阴阳接而变化起。"（荀子）此处的"合"和"接"皆为"桥"。

由此可见，哲学就是架桥。静观的使命是架桥。无形的桥远远高于有形的桥。

图 186：静观大厅内部的匾额，余工手绘，2013 年 6 月

空间的结构力量，时间的结构力量，物质的结构力量，均来自静观，来自收心内视，来自炯炯自照。只有这样，才能"上与造物者游"，才能"独与天地精神往来"。

于是"发愤忘食，乐以忘忧"。这是余工同我的共识，于是我们走到了一起，力争图文并茂，合写这本书。

图 187：换个视角看《静观》，余工手绘，2013 年 6 月

静观

Jing Guan

天下哲学精神就是静观。所谓"仰观俯察"就是静观。观察者，即静观也：仰观天文，俯察地理。"天下同归而殊途，一致而百虑""虑"者，静观也。见一叶落而知天下秋——这是静观的硕果。"一节见而百节知矣。"（汉代刘向）这也是静观的收获。静观的功能、作用大矣（图186、图187）！

七、挹秀楼

在中国传统建筑中，楼与阁均属于高大宏伟、气势轩昂、壮观高扬的建筑。其外观华丽、玲珑秀美，装饰精雕细琢，极富有审美力。

由于楼阁层数较多，高耸的楼阁丰富了城镇天际线。诗句"欲穷千里目，更上一层楼"正是表达了人们登楼望远，以开阔胸怀、寄托抱负的感情。

挹秀楼便属于这种建筑。余工对它情有独钟，对之一共写生了三幅（图188～图190），可谓意犹未尽，一吐为快。他是借挹秀楼书法自己的感情：

"高台多悲风，朝日照北林。"（魏，曹植）

"西北有高楼，上与浮云齐。"（古诗十九首）

余工的写生是借挹秀楼书法对"普遍世界高楼"——上与浮云齐的建筑的赞叹，这是空间的结构力量。

它的手绘纯粹是这结构力量的抽象化、空框化、符号化。他笔下的楼全然是"普遍世界高楼"的符号，与豫园的挹秀楼实体没有多大关系。他的楼充满了疏淡和空灵，令语尽思穷，不可具说。

八、萃秀堂

在面壁大假山北麓的峭壁之下。在中国传统建筑中，堂是正屋。其功能常为对外交往、接待、行礼和办事之处。建筑品位较高，形体外观方正、端庄、堂皇。堂也是建筑群中的主体建筑。萃秀堂因深藏大假山的峭壁之下，故幽深，独具娴静。

图 188：城隍庙挹秀楼，余工手绘，2010 年 7 月 5 日

现实世界的挹秀楼，经过余工心灵的过滤，已经升华为精神性的抽象符号。"南朝四百八十寺，多少楼台烟雨中！"诗中的全部楼台进入诗化符号结构，已经抽象化了。手绘楼台与诗化楼台具有同等的结构力量。"言，心声也；书，心画也。"

抱秀楼

城隍庙

yi xiu lou

图 189：换个视角看抱秀楼，余工手绘，2010 年

　　"山虚风落石，楼静月侵门。"（杜甫《西阁夜》）杜甫的诗，用了"虚"和"静"这两个汉字，非常疏淡、妙绝。楼虚、楼静便是诗意化的空框和空灵了——这正是余工手绘的抱秀楼。

　　余工的手绘建筑艺术与音乐相通，属于"无声之乐"。阮籍的《乐论》有言："圣人之作乐也，将以顺天地之体，成万物之性也。"这正是余工追求的最高境界："无声之乐，耳闻四方；无声之乐，志气既起。"这是余工手绘的功能和作用。

请看左右建筑线条的细粗对比（图190），差别极大——这便营造了"空间的结构力量"。

余工是以"虚静为体之心"，把抱秀楼彻底抽象化了，与现实世界的实体无关。

这里只剩下"独与天地精神往来"。这才是风流潇洒。这是以玄对抱秀楼。后果是可以"洗心养身"，与道相通。这时，建筑在余工笔下是"神"的具象化。

本质上，余工对抱秀楼的态度是"世界哲学"的，天下哲学的，普遍世界的，万有的。

图190：再换个审美视角看抱秀楼，余工手绘，2013 年

萃秀堂

Cui Xiu Tang

城隍庙

图 191：萃秀堂内景，余工手绘，2013 年 6 月

　　楼、堂只有进入诗境才富有疏淡、空灵和神韵的意味，才具有"空间的结构力量"：楼高风有力，水远月如烟；胸中清气吞日梦，疏柳烟中到岳阳（图 191）。

九、点春堂

点春堂门楼是二层砖雕。下坊以门名"点春"层中，左右两边是双鹿和双鹤的图案。上坊的长卷是父母乡亲们在城门口迎接荣归故里的有功之士；或进京赶考、名中及第的书生；或在外经商、发财致富归来的富贾等热闹场景（图192）。

十、和煦堂

和煦堂是一栋方形建筑，与点春堂、快楼和穿云龙墙一起形成一个以山水为中心的围合空间——现实、物质、建筑实体的空间。它是艺术、纯造型"空间结构力量"的基础。

"和煦"意为春天的阳光温和："春风欲到，小草先知道。"（明代诗歌）小草是第一个感受到"和煦"的气息。"欣阳春之归来兮，喜万象之重新。"（明代诗歌）感万物之畅达，残雪犹苗树，春声已满楼。道此际，春光更好。"乾坤一夕雨，草木万方春。"（五代南唐，李中）

图 192：点春堂外景，摄影作品

城隍庙

点春堂

Dian Chun Tang

图 193：点春堂内陈设，摄影作品

图 194：点春堂雕花门楼，摄影作品

　　这屋内陈设只有化成抽象符号，称谓疏淡和空灵，才会拥有"空间的结构力量"，成为诗意化的神飞扬，恩浩荡（图193、图194）。

和煦堂
He Xu Tang
城隍庙

匾额"和煦堂"系光绪年间鲍源深的书法，圆而且方，方而复圆，会与中和，给整个大厅定下了调子（图195～图197）。

余工很看重这一点。他重视堂内匾额和对联的文字对堂内空间气韵的塑造。所以他把书法引进手绘，在这两者之间架起桥，取得"书画统一"——这就是余工手绘建筑的奥秘。书法理论家认为，书法艺术是"结构谋略"，即形成"空间结构力量"的能力。看来，书法家和手绘建筑艺术家的成就大小，全看他的结构谋略如何。

余工手绘豫园建筑的用心，说到底是结构布局、设计，包括竖一线，横一线，包括墨汁的浓淡，黑白颜色的组合、搭配和协调。

图196：和煦堂内景，摄影作品

图195：和煦堂内清代榕树根家具，摄影作品

图197：和煦堂立面，摄影作品

这幅手绘是件神品，艺术成就很高，为我所推崇（图198）。古人说："言，心声也；书，心画也。"这便是余工的心画——这也是神的具象化。他的线条粗细有致，有种律动和韵味，风度高远。行与行之间的距离不相同，又恰到好处。貌似混乱，实有秩序——书法的秩序，绘画的秩序，诗歌的秩序，富有纯造型美，空灵的美；简洁、清虚、淡泊——用一个"玄"字足以概括。

图198：点春堂内陈设，余工手绘，2013 年

手绘把一切物质外壳都蒸发掉了，只剩下一个具有神韵的空灵的外壳，名字叫"和煦堂"（图199）。

它成了一帖书法，竖画厚重，茂密；横画飘逸、潇洒，达到了巧密精思纯熟协调的程度。

图199：和煦堂，余工手绘，2013 年 7 月

图 200：和煦堂，余工手绘，2013 年 6 月

仅仅是一个抽象符号，就像圆周长数学公式 $C=2\pi R$ 是一个抽象符号，它是现实、物质世界千万圆的概括和提炼（图200）。

只是 $C=2\pi R$ 的抽象级别最高，属于顶级；手绘建筑属于二级。因为它还带着一丝物质的痕迹，蒸发得不彻底，还不是完全彻底的、十分纯粹的造型语言。只有纯粹数学（The pure Mathematics）才是。纯理物理学也是爱因斯坦公式、普朗克（量子）公式和麦克斯威电磁学公式等。

十一、豫园建筑符号化、抽象化

当今的豫园与城隍庙和豫园商城——园、庙、市三位一体，构成了蜚声中外的豫园旅游区，充满了浓厚的上海本土文化、中国传统文化、民族文化、市井文化、民俗文化和历史文化内涵。中国园林（仿明清古建筑）所呈现的幽静、典雅、委婉、柔和、含蓄、飘逸、疏淡、灵秀、淡泊、柔情……糅合成了一种神韵，统统表现在豫园建筑形象物身上，再由余工的手绘艺术予以符号化和抽象化。

十二、风调雨顺、国泰民安

这是镌刻在中国传统洪钟上的一副对联。

它铸成在铜钟上；是千年传统；是个祈祷句，八个汉字两句，对称，也是对"天道地道人道神道"的高度概括，具体化，通俗化。

"风调雨顺"是祷求"自然秩序"（自然规律）到位；

"国泰民安"是祷求"社会秩序"（道德规律）到位。

它出现在豫园的建筑物上，起到了统帅全园的作用。就是说，豫园的一切有一个精神主宰，这就是：祷求"风调雨顺、国泰民安"。

康德哲学的最高纲领是：我们头顶星空的自然律（横坐标）；我们内心深处的道德律（纵坐标）。这便是一个黄金"十字架"。

在"风调雨顺，国泰民安"与这个"十字架"之间搭起一座无形的桥是东西文明比较研究的结论，得出了这个"天下哲学"结论之后，本书才提升到了我所期望的水平，才越出了上海豫园的狭窄视界。

图 201 的屋顶造型艺术是中国园林建筑的一个绝妙符号。我的多位德国和英国友人对我说，这些屋顶与西方传统建筑屋顶截然不同，就像汉语和汉字与欧洲语言和文字存在着巨大差异。他们说，他们喜欢中国传统建筑的屋顶造型，有种韵味弥漫，有种诗意、情调凸显其间（图 202）。

图 201：豫园玉华堂，摄影作品

图 202：豫园原主人潘允端的书斋——玉华堂，摄影作品

風和伴工書棋之畫今思念養鐘鼎道依禪真木石傍

2013.6.

图 203：豫园老街，余工手绘，2013 年 6 月

　　纯粹是书法几个汉字，空框结构，表现了汉字的"空间结构力量"（图203）。余工自己也有所悟，在上方写下了一段话，大意是依禅傍道，钟鼎木石，养真性，念古思今，琴棋书画伴和风。我说过，诗、画、书法、建筑、雕塑和哲学本质上是一体的，禅包括在哲学内。书法与禅关系密切。有"引禅入诗"和"以禅喻诗"一说，即诗意、书法和禅意有联系，字字入禅。

仅仅是个抽象符号，与"湖滨"（建筑实体）没有多大关系（图204）。墨汁团块与空白两大元素构筑成了"空间的结构力量"，营造了一种律动和气韵，制造了神气，弥漫其间——"美是在有限中看出无限"。这个经典美学命题是德国著名哲学家谢林（1775-1854年）提出的，非常有见解。从笔墨上论气韵，余工这幅手绘可谓笔墨婉丽，骨气自高。他的一簇簇墨团用得极好。

图204：豫园湖滨，余工手绘，2013 年 5 月

-164-

图 205 也是一个建筑空壳，是个类似纯粹数学空框，抽掉了物质的内容。只有这样，这幅手绘才保有它自身的价值。整个豫园建筑手绘也是这种情况。如果要讲实际，不如去买本《豫园》摄影集子，全是真实，逼真的图片，逼真的彩色。

余工的手绘，只有黑白线条，怎能敌过摄影图片集的真？这便是黑白线条语言的奥秘。它与人脑现象有关——去问问我们的人脑吧！人脑热爱黑白线条制造的疏淡和空灵以及书法的用墨之法。

图 205：豫园，老庙黄金铺，余工手绘，2013 年

豫园 Yu Yuan

图 206：豫园，仿明清时代的古建筑写生，余工手绘，2010 年 7 月 8 日

　　图206是仿明清古建筑，而不是欧洲18世纪的
巴洛克建筑——这区别是要区分的，不可混淆。
　　余工作画是有动于心，必于草书发焉。书变动
犹鬼神，不可究结，寓于书，倾吐于画。

图 207：城隍庙，余工手绘，2010 年 7 月 7 日

　　图207仅仅是一个有关城隍庙的建筑符号，与现实世界豫园仿古建筑实体无关。所以余工行草，任意挥洒，头头是道，痛快淋漓之时，始觉心灵、意气焕发，忘记了自己——这是书写汉字的快感，沉醉。

　　他作画，建筑写生，是在书写一个个汉字。中国人写好汉字，努力做个合格的中国人。我们的命根子在汉字，我们的魂系汉字的书写。写不好汉字，中国人便失去了魂的根茎。

图 208: 豫园，绿波廊，著名饭店，余工手绘，2013 年 5 月

　　图208中的绿波廊，1998年这里接待过克林顿夫妇；2005年10月，这里迎来了连战主席和夫人……

　　余工笔下的这家饭店把具体的过去和现在，还有将来的事件统统都过滤掉了，删除了，舍去了，只剩一个空框，一个绘画或中国书法的空灵：墨团泛滥加上飘逸的细线条，或笔断而意连，俯仰屈伸，书之能事，雄强浑仪，发强刚毅。

　　画中有株细高个的树，是余工加上去的，增加潇洒和谐的氛围。屋和树是一个整体，这是余工的一贯安排、设计和布局。没有树的屋是寂寞的，孤独的，空荡荡的。

图 209：绿波廊，余工手绘，2013 年 6 月

再唱一曲绿波廊（图209）。墨汁不受余工的控制而泛滥变化："我随墨生，墨随我势。"通身力到，方能成字——这是余工写汉字的快感，过把瘾。

城隍庙

上海

Cheng Huang Miao

图 210：城隍庙，余工手绘，2010 年 7 月 4 日

　　图210这幅作品全然是写意，抒发个人情绪。画之中有一缕缕浓墨，有细线条的曲折或交织，故笔锋常在画中、字中。

图 211：城隍庙，余工手绘，2010 年 7 月 6 日

这里有墨汁漫浸到笔画之外，在书法上称之为"涨墨""湮墨"（图211）。余工是大量运用"涨墨"的手绘书法家——这是他近年来的尝试。

图 212：城隍庙百年老店，余工手绘，2010 年 7 月 7 日

　　从仿明清古建筑中，画出"百年老店"的气韵，不容易（图212）。
　　"老"字有老的神态和品味，给顾客信赖感。画中顾客皆为空灵，为虚。图左又有株树，衬托着老店，这样才协调。
　　整个手绘是符号化、抽象化，包括人物，分不出男女。

上海老饭店

豫园

Shang Hai Lao Fan Dian

图213：豫园，上海老饭店，余工手绘，2013 年 5 月

　　这里是书、画统一，书、画同源（图213）。饭店前的人头攒动是抽象的集合。这才是阴阳陶蒸，百物错布，玄化无言，神工独运。余工是为艺术而艺术，为人生而艺术。

图 214：城隍庙广场，余工手绘，2010 年 7 月 4 日

这是广场的符号化和抽象化，也是诗意化（图214）。广场的周围建筑和人头攒动，统统都被符号化了，抽象化了。这类似于古代青铜器的花纹，威重神秘，彩陶时期的花纹，也多采多姿，属于图案、抽象的性质。

图 215：豫园，余工手绘，2013 年 5 月

笔触完全是细线条，没有墨汁的成团结块——这是余工的另一种笔法，颇为轻快（图215）。

法兰克福广场

fa lan ke fu guang chang

图 216: 德国，法兰克福广场，余工手绘，2007 年 6 月 27 日

　　图 216 的运笔也是细弱线条，少有墨汁泛滥。这才是笔墨婉丽，积微，劲爽（我的用语全是来自中国书法艺术）。

　　余工早期手绘偏爱用轻盈的笔触抒写建筑的叠加。画中透出了飘逸之气（图 217）。

　　湘西土家苗族古镇沱江镇有条母系河沱江，水流湍急，深浅不一（图下方停泊了小船），沿江面映印着小巧名居，每户都有吊脚楼伸向江面……

图 217: 沱江山色，余工手绘，2008 年 5 月 6 日

台阁亭榭
Tai Ge Ting Xie

建筑形态各异，有的轻巧、活泼，有的端庄、凝重、规整。但在余工笔下，都成了建筑的集体抽象，仅仅是一个符号，集"神、气、骨、肉、鱼"五者为一身（图 218、图 219）。

图 219：湘西凤凰沱江镇风土圈内环境规划透视图。左边为一排吊脚楼

图 220：神居上海，余工手绘，2010 年 7 月

　　这是一座道观的抽象，这里有虚静（图220）。生命力因虚静得解放，进入
"独"的境界："独与天地精神相往来"，于是便有"以天为宗，以德为本"
的体验。投死生于无限之中，这才是个体的绝对自由，这才是通"神明"。

图 221：豫园，余工手绘，2013 年 5 月

　　这里有墨汁泛滥（图221）。从中透露出："视乎冥冥，听乎无声。冥冥之中，独见晓焉。无声之中，独闻和焉。故深之又深而能物焉，神之又神而能精焉"。手绘建筑是抽象艺术，故能触及到宇宙万物。因为这种语言是符号语言，接近"玄"，通"神明"。

图 222：豫园对岸的浦东陆家嘴摩天大楼林立，属于豫园的大背景，余工手绘，2013 年 5 月

　　余工面对摩天大楼的写生，也是一等能手，有独创之妙，富有神韵（图222）。他笔下的中国古典园林建筑和陆家嘴的现代文明建筑都画得很到位，得音韵，为神品，有审美价值。

图 223：豫园东面大背景，陆家嘴，余工手绘，2013 年 5 月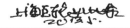

图223完全是当代建筑世界实体的抽象化和符号化——这是余工造意运笔的成就，令人骨惊神悚！尤其是图右的线条，疏淡、空灵到了极至。至矣，尽矣，无以复加矣！

图224：陆家嘴的雄姿，摄影作品

从图224～图226中我们才领略到余工手绘的符号化和抽象化的妙绝；才明白手绘艺术的价值。这只有依靠"玄"觉才能达到这种洞见。

它与豫园的对比越是强烈、鲜明，就越能衬托出豫园古典园林的幽雅、典丽和诗情画意。所以我把这几幅手绘放在此处并没有放错地方，都是为了凸显豫园。

图225：陆家嘴的建筑群气象雄阔，余工手绘，2013年5日

图 226: 浦东陆家嘴，余工手绘，2013 年 5 月

　　多亏了陆家嘴这个宏大、崇高的当代建筑符号把豫园的仿明清时期的古建筑衬托出文的质朴、深沉和淡雅。只有在对比中，才能见出真善美。这需要"静观"："圣人之心静呼，天地之鉴也，万物之镜也"。

图227: 风调雨顺，国泰民安，余工手绘，2013 年

　　这是雕刻在豫园铜钟上的对联，它随着厚重的钟声"远播"到四处（图227）。这两句是个最高的祈祷句，它关系到人类的幸福和安康。

　　这两句也是当代世界的时代精神。余工的手绘，通过钟声，传播到了世界。这是最高的"布道"。道心之中有衣食，有安宁，有幸福和满足。

图228：豫园洪钟，上面写有"风调雨顺，国泰民安"，余工手绘，2013 年

余工写下了"平安钟"这三个字（图228）。钟声是个抽象的声音符
号，它同余工的手绘建筑书法符号结合在一起，成了双重的抽象，能说出
更多一层的事：望秋云，神飞扬，临春风，思浩荡。

人生世界在本质上也是一个"戏台"。万事万物都是一出戏。万事万物都有开幕和谢幕的时间。古希腊文的开头和最后一个字母分别是 A 和 Ω。西方人的墓碑上便刻着这两个字母。左右分别是 A 和 Ω，表明这是死者的一生。

有开始，便有结束——这是宇宙最大的对称。

戏台是个最高的符号（图229）。我们每个人的一生都是戏台上的一出戏。落幕时，我们就走人，告别人世，一分钟也不停留，也不让你停留。对戏台，我有一种敬畏感。在豫园内的古戏台面前，我盯着看，会走神，会联想到宇宙这座大戏台，火星和金星便在戏台上。它们对我们人类是神秘的，不友善的。

图229：豫园戏台，余工手绘，2013 年 5 月

现实世界的戏台（图230）建筑远不如手绘艺术中的戏台富有哲学味，回味无穷。前者狭小，后者广大，广大无边无际，囊括全世界和全宇宙的一切戏。因为宇宙是最大的大戏台。

天体的诞生和毁灭的戏全在舞台上演。戏台是个抽象符号，包容了一切戏，不论大小，包括甲壳虫、蚯蚓和大象的生与死；包括地球、太阳系和银和系的诞生与毁灭。戏台的抽象和符号是最神圣、最伟大的。

在符号化的戏台面前，我只有惊叹不已，说不出话来：伟哉！壮哉！

图230：豫园古戏台，摄影作品

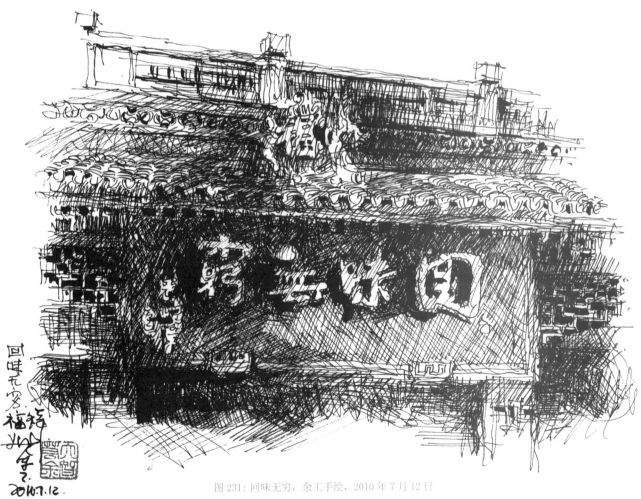

图 231：回味无穷，余工手绘，2010 年 7 月 12 日

　　"回味无穷"，这是门楣上的题词，值得咀嚼和回味（图231）。古戏台这个符号便"回味无穷"，有天下哲学和宇宙哲学深意在，哲学在本质上是不可言说的，我们只有沉默。"回味无穷"是最好的沉默。

余工追求"书画统一"、追求纯造型美的手绘建筑
——"穷变化，集大成"

手绘建筑汉字的纯造型美有风骨，有壮气，有风韵，随手写生，默契神会，皆为传神。

——2013 年 8 月 15 日，创作手记

一、追求"空间的结构力量"

汉字符号学认为，文字（汉字）和语言（汉语）是两种不同的符号交流体系：文字本质上是视觉的、无声的、不在场的交流方式；语言本质上是听觉的、有声的、在场的交流方式。所以，无声性、不在场性与有声性、在场性变成了一对具有普通世界哲学意义的"文言"关系范畴；无声和不在场属于"文"（汉字）的范畴；有声和在场属于"言"（汉语）的范畴。

文字若不记录语言，就失去了自己存在的价值。

语言没有声音就无法传递信息，而文字却可以在一种完全沉默的状态下交流思想感情和进行思考——前些年，我曾同日本朋友用笔（双方写汉字）交谈。无声的文字（汉字）产生于有声语言（汉语）的无能，当语言（汉语）不能与异时异地的人们进行交流的时候，文字（汉字）便产生了！

汉字的原型始终是图画。

这个哲学命题对我们把握、理解余工的手绘语言是大有帮助的。他的画，本质上是在写汉字，写一个个汉字。

几乎在所有的文明中，最初创建的符号必定是图画。汉字，苏美尔人的文字，古埃及人的文字，赫梯人的文字，克里特人的文字（图 232），都是如此。

现在我们作一个假定：假定拉丁文字也是方块汉字，而不是拼音文字，欧洲早就统一为一个单一的国家了。哲学符号学认为，听觉符号和视觉符号是两种基本符号。得到充分发挥的听觉符号，在艺术方面产生了口头语言、话剧、相声和音乐等形式。这便是"时间的结构力量"。

视觉的和空间的符号则产生了绘画（包括建筑写生或手绘建筑）、雕塑、舞蹈、建筑和汉字书法等艺术形式。这便是"空间的结构力量"。

本书所要谈论的只是"空间的结构力量"。

象形文字

xiang xing wen zi

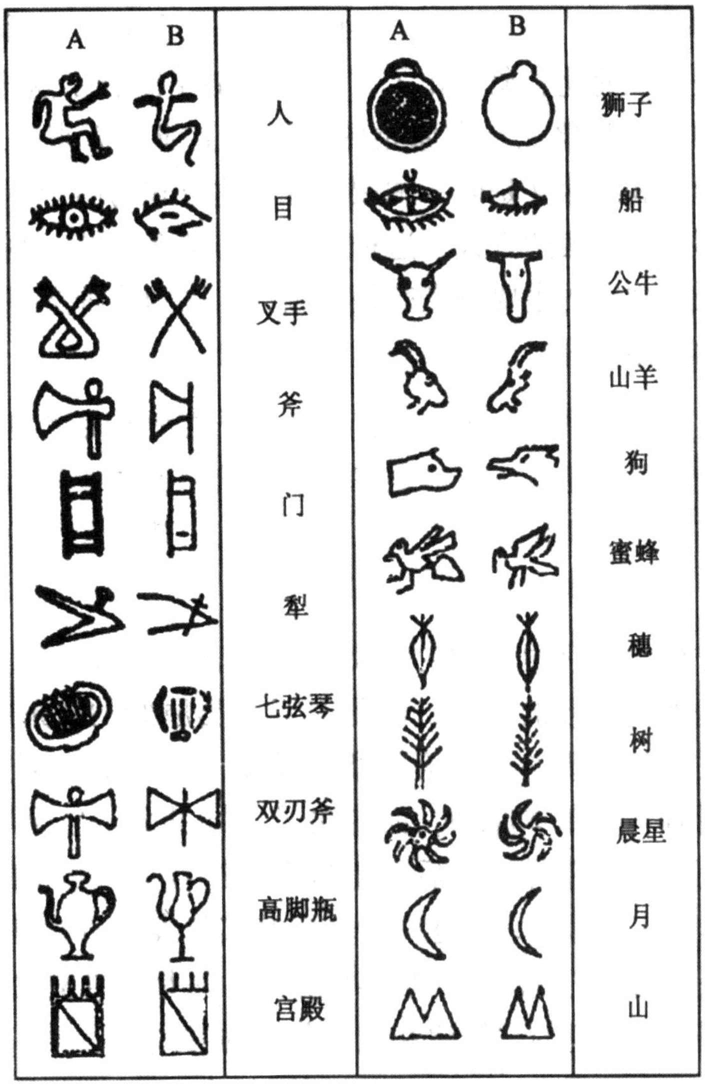

图232：克里特（古希腊一个著名的岛）的象形文字

表中文字（自上而下）：

左表 A B 列对应：人 目 叉手 斧 门 犁 七弦琴 双刃斧 高脚瓶 宫殿

右表 A B 列对应：狮子 船 公牛 山羊 狗 蜜蜂 穗 树 晨星 月 山

    把余工的手绘建筑同克里特的象形文字联系起来是符合"道"哲学精神的。道家哲学认为，世界最后本质叫"玄"："玄者，自然之始祖，而万殊之大宗也"。

    直至今天，这个定义，这种说法，仍然能站住脚，不倒。说这话的人是西晋人葛洪（284-344 年），著名道教思想家。城隍庙也是道家建筑。

泰山刻石

Tai Shan Ke Shi

图233：秦代《泰山刻石》

　　古朴、庄重，是纪念性的文字，字体方正严整，文字的风格与书法的风格一致，标志秦帝国的统一天下的绝对权威和高昂气魄的形成（图233）。

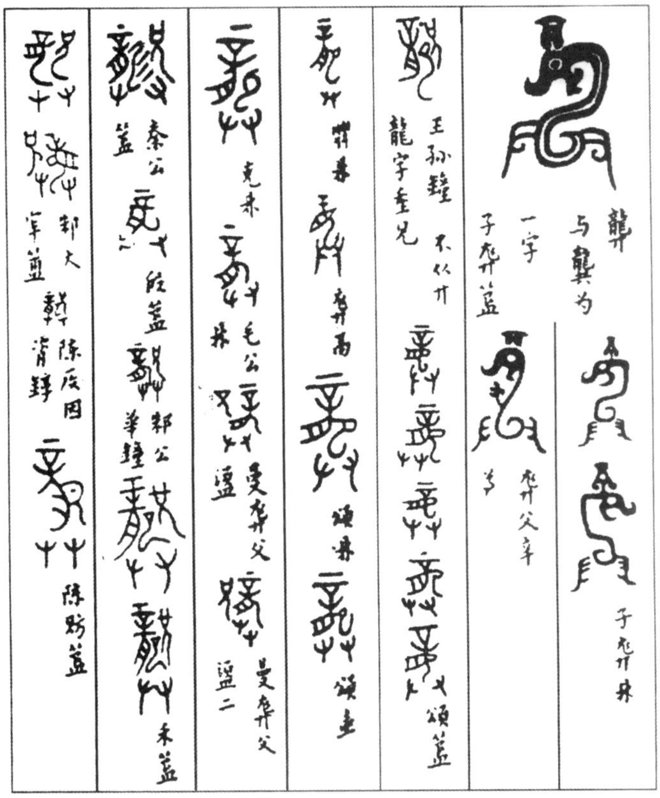

图234：殷代铜器上的图腾符号

图235：1975年出土的秦简

龙的形象以不同程度的图画性出现（图234）。

汉字便是从这里演化来的。余工的手绘建筑艺术符号好像回到了汉字的原点。这是从较高层面上返回原点。

哲学是什么？哲学正是从较高层面上返回原点，握有原点，咀嚼原点，体认清、虚、朗、简、幽、远、神（七字）。

余工的手绘建筑书法哲学与美学即包括有"七字"范畴。

竹简记1155支，书写年代为前258至前217年。这是秦人的书法墨迹，这里透出了中国书法"空间结构力量"的萌芽和崛起（图235）。

图 236 这些艺术语言体现了"空间的结构力量"。因为它是视觉的和空间的符号。它们和汉字符号系统是相通的，统一的；与手绘建筑也有统一性，都属于一个大家庭。所以我把它们放在这里作为参照系，有助于我们把握余工手绘建筑的本质。

图 236：16 世纪意大利文艺复兴时期的雕塑

图 237：16 世纪意大利文艺复兴时期的建筑

　　为了把握余工的手绘建筑豫园建筑，我们也有必要把西方古典建筑作为参照系，放在这本书稿里——比较出真理（图 237）。图中的建筑与豫园的园林建筑语言截然不同，但本质是相通的，只是外观，具象出现差异罢了。

　　在中国传统文化中，雕塑、建筑、绘画、书法、诗歌和哲学是一个有机整体，是"生态群落"。为了更好地走近余工的手绘建筑。我们有必要了解西方的雕塑语言，两者在本质上有亲缘关系，有血统关系（图 238）。

图 238：16 世纪意大利文艺复兴时期的雕塑作品

图 239：颜真卿（709—785 年）的《刘中使帖》

<blockquote>颜真卿</blockquote>

刘中使帖

Liu Zhong Shi Tie

颜真卿有"书圣"之称，是中国书法史上极其重要的人物（图239）。他的书法有一股"气横溢"弥漫——哲学上，这叫"元气""浩然正气"。这里才是"空间的结构力量"，其中尤其是"近"字和"慰"字。这力量也管辖支配余工的手绘语言。

图 240：豫园的桥，余工手绘，2013 年 5 月

图240这幅画，这帖子体现了"空间的绝对结构力量"，因为是绝对的塑造美，堪称为妙品，神品。笔触尽是一簇墨团，"有"与"无"相对立。实实在在的"有"以优势把"无"排斥、征服，造成结构紧密、清虚高迈、婉约而灵动。于是，"普遍宇宙万物有桥"的符号出现了！这是手绘建筑的逸品，神品——这里又荡着余工的"桥韵"，即"普遍世界万物有桥"的"桥韵"。

图 241：豫园园内一景，余工手绘，2012 年 5 月

　　这里有余工对空间的敏感性，他称得上是当代一位书法家（图241）。右边底下的笔触有一簇墨团，左边又有疏淡的线条。空间的气势游入字中，又泛出字外，尤其是墙上那个园洞。不够圆，因为仅仅是个符号，艺术价值等同于C=2πR，是园中园，是艺术哲学王国的园，是绝对园的抽象化，显示出"空间结构的力量"。

图 242、图 243：王华堂与"引玉"门之间的景观，摄影作品

　　我把图242、图243这两张图片放在这里，是为了对比，更好地显现出余工手绘的抽象性与符号性，见出它的空间结构魅力。

图 244：豫园园内门洞，余工手绘，2013 年 6 月

Men Dong

门洞

豫园

图 245：内园内侧门额，题有"山辉川媚"四个字，摄影作品

仅仅是一个符号，一个空灵，一个神气。门洞是余工内心"普通世界万有桥"的变种。门洞是内外两处空间的一种架设、通道和联结。余工笔下的门洞以骨立形，以神情润色，探文墨之妙有，索万物之精神，得"空间结构力量"（图244）。

余工非常看重门额的题字，文有统帅整个建筑空间的作用，是我国传统建筑的灵魂所在，不可轻易放过，视而不见（图245）。今天，在我们的城乡新建筑中，这种千年传统正在丧失、失落——这是我们民族的悲哀！

魄兮归来，哀江南！

图 246："山辉川媚"门前有对狮子，余工手绘，2013 年 5 月

　　狮子有镇宅护宅作用（图246）。人们因狮子而心安。心安是民居的心理第一需要。生理上的第一需要是温饱。温饱之后是心安，之后才是"理得"，即"心安理得"。

　　人的一生都在为"心安理得"而奔忙，操劳。故庄子有言："劳我以生，息我以死"——这是绝对真理。

旧街

城隍庙

Jiu Jie

　　人有种恋旧情绪。我身上便有，且很顽固。我恋儿时上过的小学和中学。城隍庙有多条老巷子和旧街，是破旧，但总有叫人留意处。这恐怕与人脑结构有关："二十余年成一梦，此身虽在堪惊。闲登小阁看新晴。古今多少事，渔唱起三更"。

　　余工把旧街的破旧氛围勾勒了出来（图 247）。图右下方的破桌椅表明了这一点。虽破败，但有情调。一旦成了破旧的抽象符号，便叫人心动、陶醉——这正是"空间的结构魅力"，哲学美学魅力。

图 248：上海老街，余工手绘，2013 年 5 日

　　图248这张建筑写生，有"化腐朽为神奇"的功能。老街两旁的建筑物混杂，电线乱拉，车马人争先恐后，不堪入目。但这一切经过手绘过滤，成了抽象的符号，转化为艺术秩序，居然成了一种美：手绘建筑之美！这便是荒残美学原理。枯荷残柳有一种特殊的美学效果："秋阴不散霜飞晚，留得枯荷听雨声。"（唐代李商隐）该美学效果也是"枯荷听雨"原理，十分微妙，与人脑有关，是一个大谜。天上人间一切解不开的哑谜，都与人脑有关。

二、手绘艺术与书法艺术力求走到一起： 手绘、书法、建筑、哲学与美学

余工力图"引书法入手绘"。

他一直在抄录豫园楼、亭、台的对联，作为自己特有的书法，成为手绘建筑艺术的搭配——我注意到了这种现象（比如抄录卷雨楼和得月楼的诗句）。

关于书法的审美哲学基础，我想大概可以分成五大系统。

（一）纯造型美派

可以说，中国书法就是用点、线、黑、白来构成美学效果的艺术。所以书法就是抽象画，企图表现"抽象美"。不过这抽象画不能脱离汉字。所以书法是一种综合艺术。

一个西方人尽管不懂中文，也可以欣赏书法，就像一个中国人听西方歌剧，尽管他听不懂歌词，照样可以津津有味地欣赏曲子（音乐）本身的优美，如莫扎特的歌剧。

中国书法的抽象美就像莫扎特的《A大调单簧管协奏曲》。它所表现的忧伤和悲哀是忧伤和悲哀的本身，是本体的悲哀和本体的忧伤——它属于纯造型美，层次很深。

它属于艺术的"神品"，恰如纯粹数学。比如以下椭圆方程便具有纯造型美：

$$\frac{x^2}{a^2}+\frac{y^2}{b^2}=1$$

计算椭球体的方程也具有纯造型美的纯粹数学对称结构：

$$\frac{x^2}{a^2}+\frac{y^2}{b^2}+\frac{z^2}{c^2}=1.$$

以下回转体体积公式，同样具有纯粹数学对称结构，令人赞叹它的纯造型美。余工的手绘建筑美与它近似，有相通处：

$$V=\int_a^b \pi y^2 dx=\pi\int_a^b y^2 dx.$$

回转体体积图的示意：

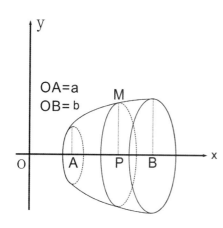

OA=a
OB=b

老实说，从青年时代起，我对上述纯粹数学公式便抱着敬畏、肃然起敬的心态。因为看到了它的"神性"。它是"神品"——这是数学家的发现，是数学家的"作乐""圣人之作乐，将以顺天地之体，成万物之性也""大乐必简必易""无声之乐，日闻四方……无声之乐，志气既起"。上述公式正是"大乐"。

在风风雨雨、人生的大风大浪中，上述公式构筑了"数学的上帝"（The Mathematical God），他一直在后面暗暗支撑我，鼓舞我。

我自然联想起南宋哲人陆象山（1139-1193年）的宇宙学。

他认为"道"充塞宇宙，无所不在，有天道、地道、人道（我觉得还应加上神道，才全面）。

"人须是闲时大纲思量，宇宙之间如此广阔，吾身立于其中，须大做一个人"。

余工手绘建筑，他笔下的纯抽象符号，便教我、启迪我、暗示我，立于宇宙之间，"须大做一个人"。

（二）理性派

该派追求美的客观法则，即主张用数学的比例来表示，如"黄金分割"，与表现的内容无关，可应用于建筑、雕塑、绘画（手绘）、音乐和人体上——这就是客观的、数学的造型规律。

唐代书法家属于这一派。他们追求秩序的美，和谐的美，平衡的美：长短合度，粗细适中，四面停匀，八边俱备，纵横轻重，凝神静虑。所以古代书法家说："笔中实，则积成字，累成行，缀成幅，而气皆满。"

我确信，纯造型美有其数学基础。任何一件事情，如果你能用数字说出，你便算彻底把握了。否则你的理解便是不完全的，不到位。

因为数学是"上帝"说的语言。在中国书法中，有这种神秘的语言。所以书法艺术极至通"神"。

（三）感性派

这是非常复杂的心理现象，说不清，但又一定要说清，只能说个大概。书法家和画家（手绘建筑书法美学家）自己也说不太清——这是艺术创造心理的奥秘，一言难尽，神秘得很，涉及到"玄"。

你要余工说清自己的创作心理，也是个难题。"意在笔先，胸有成竹"。实际情况未必是这样。成竹并不在胸中。"心为君，妙用无穷，故为君也"。心实为脑。脑为君。手腕为辅，手脑并用才是手绘的主宰。毕加索说："我作画，像从高处跌下来，是头先着地，是事先难料的。"这个比喻很生动，很恰当。

（四）王羲之

他有"书之圣"的称呼，故凸显出他为单独一派。何况余工也推崇他，奉他为"神"。心中有神的人是件大好事。因为有努力大方向，有"见贤思齐"的最高目标，心不乱，行为端庄，呈上进态势。赞美王羲之的人很多，说他的特点是"穷变化，集大成"。

王羲之的书法，字势雄逸，如龙跳天门，故历代宝之，永为训；说他笔法老练，绝无浮笔，结构精严，风度高远。他的字不整齐，或大或小，行与行之间的距离常不相同；每行字的排列也不垂直而下，或倾斜，或成曲线，非常任意，自然天成。

各种倾向的书法家（古典的、浪漫的、唯美的、伦理的）都把他当做伟大的典型而加以推崇。结论是："总百家之功，极众体之妙"（余工只是推崇他的整体结构）。

（五）唯美主义

在中国书法史上，赵孟頫（1254-1322年）是唯美主义的代表。

明代文徵明是赵孟頫唯美主义的继承人。他的结构精密、疏密均匀、位置适当、严稳妥帖——阴阳结合的变化，是产生书法美的哲学原理。这才是唯美主义信条的哲学基础。

上述五大系统，最合我意，打动我的，当推纯造型美学派。

因为我是"数学上帝"（The Mathematical Gad）的信徒。我崇拜"数学空框结构"。它是万能的。她能概括万事万物。"普遍宇宙万有桥"便是依靠它而假设的。

最后，关于余工的创作心理，我想谈儿句，这是2013年8月6日他亲口对我说的。

"余工，你创作一幅作品，需要多少时间？"

"3分钟到20分钟不等。"

过了片刻，他又说：

"清醒的时候，不如'白日梦'样状态下的即兴创作。就是说，潜意识状态下创作的作品更充满灵感，艺术水平更高些——这种创造心理学连我自己都说不清，好像是在做梦。"

我撰写这本书是试图从小建筑的具体到大抽象的世界。

从狭小的豫园到普遍世界的"空间结构力量"——这是"世界哲学"的一部分。另一部分是"时间结构力量"。

空间、时间的物质的结构力量这三者合在一起才是我心目中的"世界哲学"和"天地人神"这四重结构是同等的。

世界是人存在的空间和时间的展开；因为人的存在，世界才变得可以理解。人不是世界的中心，但人可以让世界变得热闹起来，五颜六色，多彩多姿——但最高境界却是仙鹤严静，萧条淡泊。这也是余工手绘建筑语言所追求的，他的手绘不是热闹，而是萧条和荒寒。

余工是个有心人，热爱诗歌。诗歌哲学（道）是一个整体——从中显示了"空间的结构力量"（图249）。他看重诗文，是个看重空间结构力量的手绘建筑艺术家（图250）。

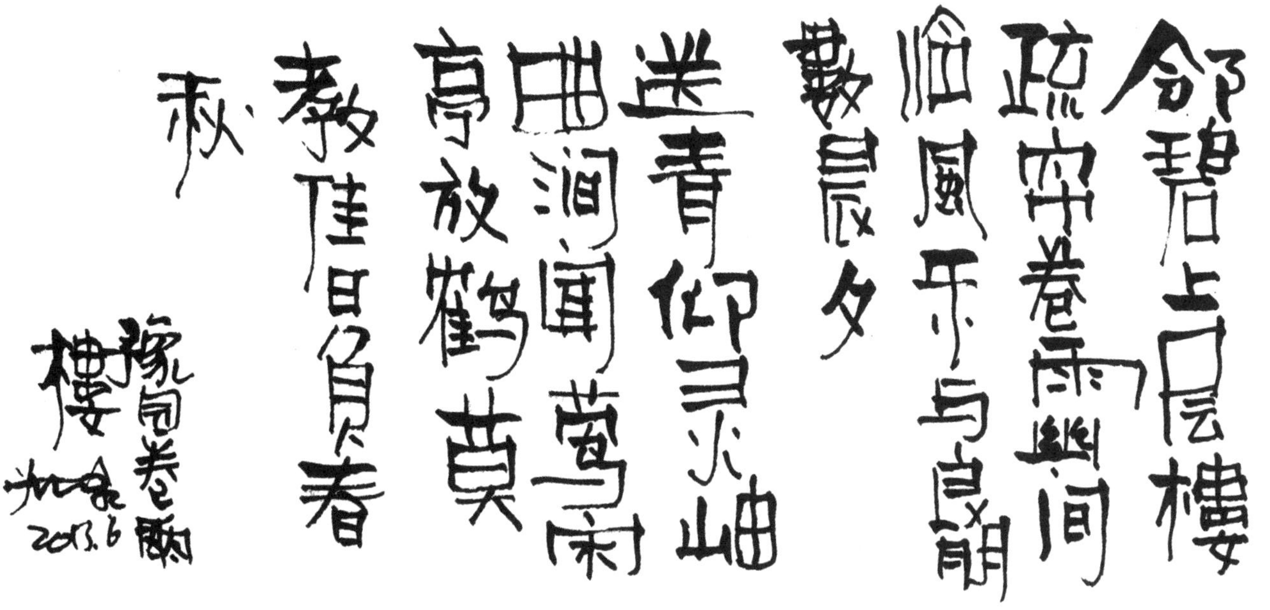

图 249：豫园卷雨楼对联，余工诗抄，2013 年 3 月

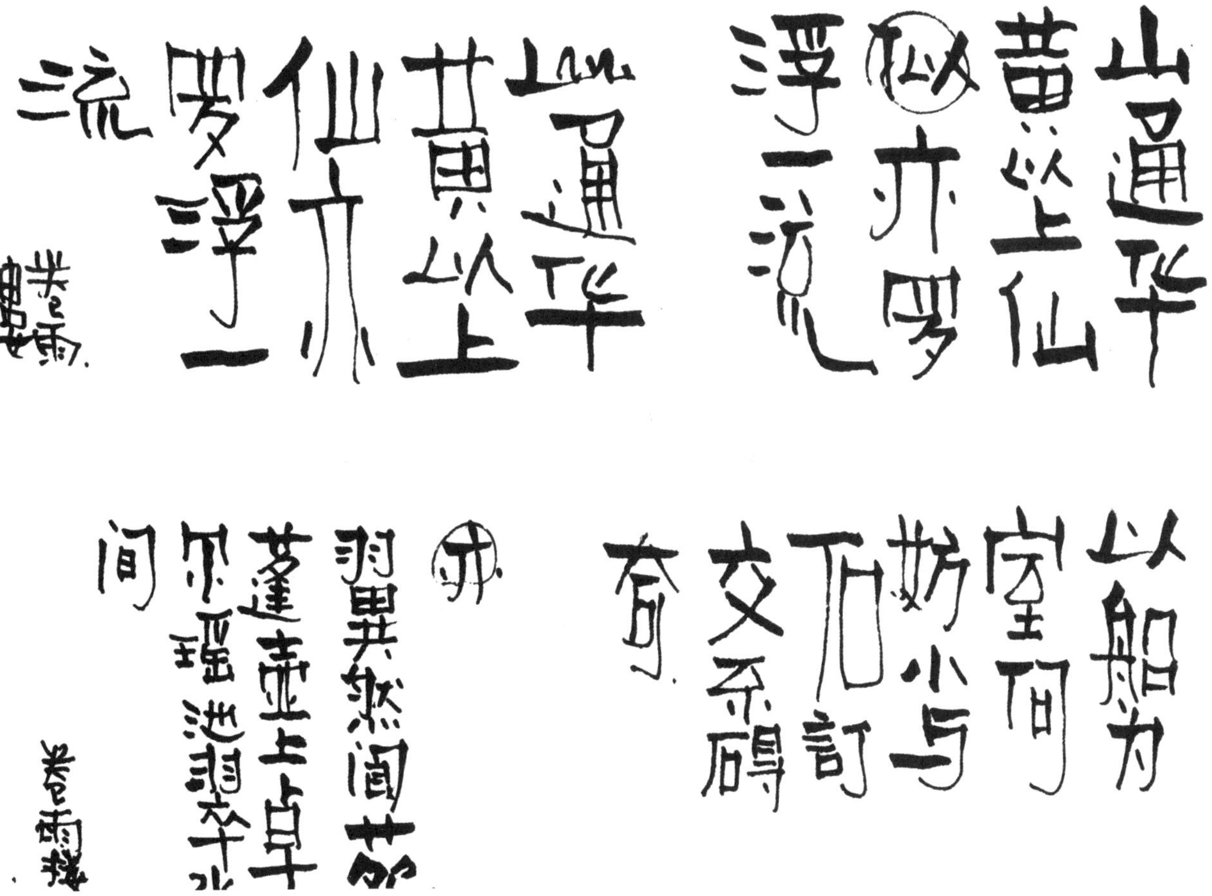

图 250：豫园卷雨楼对联诗抄，余工诗抄

图 251：瑞士画家克利（KLee，1879-1940 年），是西方现代艺术的代表人物之一

瑞士画家克利的画风在具象和抽象之间。他的线条暗示形体，又摆脱了形体（图251）。

这幅画中的线条有中国书法艺术的意味，但毕竟不如所云，属于"皇帝的新装"，谈不上"空间的结构力量"。最后我鼓足了勇气对它说：不！

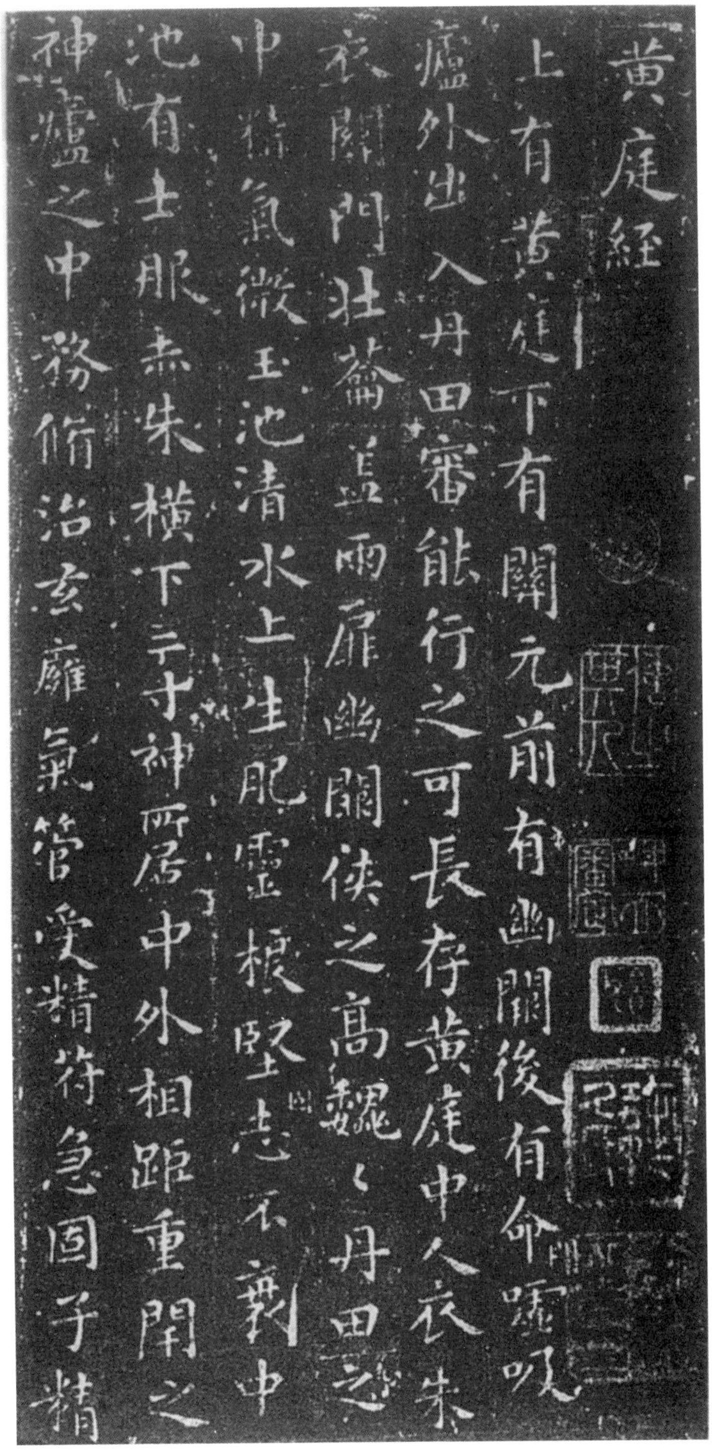
黄庭經
上有黄庭下有關元前有幽關後有命噓吸
廬外出入丹田審能行之可長存黄庭中人衣朱
衣關門壯籥蓋兩扉幽關俠之高巍巍丹田之
中精氣微玉池清水上生肥靈根堅志不衰中
池有士服赤朱橫下三寸神所居中外相距重閉之
神廬之中務脩治玄膺氣管受精符急固子精

图 252：王羲之的《黄庭经》

王羲之是道教徒。他抄写《黄庭经》是不足为怪的。他的书法凸显了洽谈与虚无。这是灵魂状态的反映和折射（图 252）。

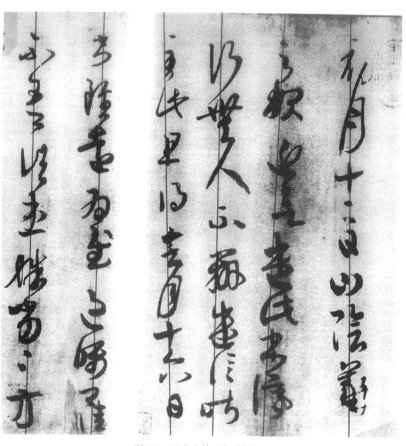

图 253: 王羲之的《初月帖》　　　　　　　　　图 254: 王羲之的《频有哀祸

图 256: 颜真卿《裴将军诗》墨本　　　　　　　图 257: 颜真卿《裴将军诗》碑本

图 255: 伊秉绶《对联》

行间距离不等。笔法老练，绝无浮笔飘笔，结构精严，堪称为具有"空间的结构魅力"。余工推崇王羲之。他是否从中得到了什么启示，引用于他的手绘建筑？这便是手绘建筑书法哲学与美学（图253）。

有刚有柔，有温有威，有法有变。余工的手绘建筑，是否从中得到过启示？接受过感染？因为在本质上，书画是相通的，书画同源（图254）。

字形偏扁，平稳与庄严，给人以寺庙和殿堂的建筑感。本来，汉字的空间结构是建筑结构（图255）。

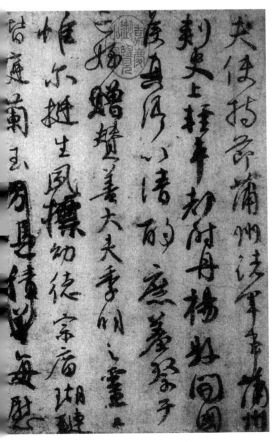

图 258: 颜真卿的《祭侄文》

汉字的建筑结构。余工手绘在本质上是建筑的符号化和抽象化，即透露出建筑的本体（图256）。

此帖特点是忽楷忽草，直线与弧线、粗与细、大与小、密与疏的种种对比。但不管字的变化如何，它的建筑结构不变。从中也表现了颜真卿的刚毅正直性格以及对国家的灾难所感受的悲愤、沉痛（图257）。

行书，但架间的笔触为方正。颜字追求"苍老"、"豪迈"和"雄健"。楷书的方正厚重显示出他的"浩然之气"道德意识。他的墨迹表达了汉字"空间的结构力量"（图258）。

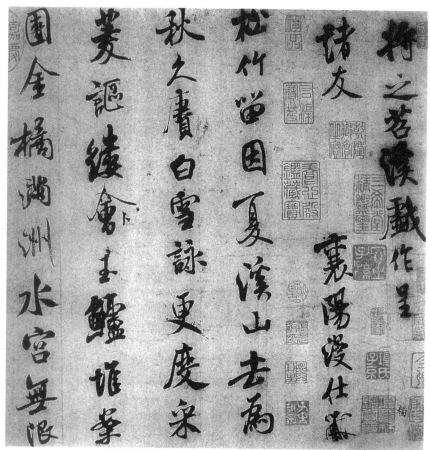

图259：米芾的《苕溪诗帖》

在中国书法史上，苏、黄、米三家书法并重。他们分别出生于1037年、1045年和1051年。

米字尽在字内作变化，尤其是"夏"、"更"、"金"和"会"字。他的捺笔生动有气韵，凸显了"空间的结构力量"。

欣赏中国书法艺术，就是感受这种力量，触摸这种力量。同样，我们欣赏余工的手绘建筑也是对这种力量的认知、惊叹。因为那是余工的一个"白日梦"（图259）。

苏轼的书法中尤以"寒"字最为洒脱。整个气韵是潇洒，主导力量是温柔、敦厚、文采风流（图260）。

王铎的诗几乎得到所有书法家的称赞：飘逸、有神韵，宛如万物森然于方寸之间，满心而发。这里有"空间的结构力量"。这里有手绘书法建筑哲学与美学。余工从中领悟到了什么？他是善于从各方面吸取养料、强壮自己的人（图261）。

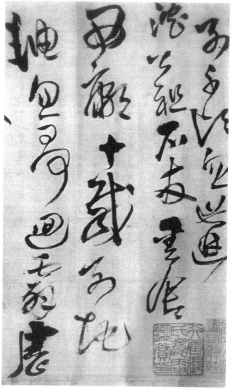

图260：苏轼的《黄册寒食诗》　　图261：王铎的《诗卷》

豫园一景

图262：豫园一景，余工手绘，2013年5月

　　一簇墨团与几根疏淡的线条加以编织，使点画荡漾于空际，凸显了"空间的结构力量"，令人拍案叫绝——这是余工在"白日梦"状态下的即兴创作吧？按性质，他是"墨汁与线条"诗人。图右下角的一团墨汁美学效果极妙（图262）。

图263：豫园南翔馒头店，余工手绘，2013 年 5 月

　　豫园南翔馒头店是著名的小吃店，每天排队的顾客长达三五十米，且不断——我观察过。这里仅仅是一个抽象符号。作为汉字，它"骨丰肉润，入妙通灵"，是有生命的形体，神秘地体现了手绘书法建筑的哲学与美学（图263）。

　　所以有人说："书（法）虽小技，其精者通于道焉。"道是什么？道是"独与天地精神往来"；道是"上与造物者游"。这种说法比西方的上帝界定更有哲学味道，更深刻。因为它接近"玄"。

豫园一景
Yu Yuan Yi Jing

从儒家哲学看书法，有两种观点：

（1）书法的功能可"开圣道""成教化，助人伦，穷神变，测幽微，与六籍同功，四时并运"。即具有形而上的哲学意义。我看这派把书法的地位估计得过高了。

（2）书法只是"小道""末事"，是无关大旨的"末艺"，不必把它当作毕生从事的工作来追求。

我则取两者之中点。在余工手里，手绘建筑艺术的功能和地位也恰到好处，不太高，也不低。他的毕生功课是为广大公民盖房子，为他们设计家。他心里有几亿乡民的家，为他们的屋装饰，包括对联。汶川地震后，他便拉出数百名的设计队伍去灾区工作。手绘建筑艺术语言是他必要的、有力的辅助工具——这是他的定位（图264）。

图 265：城隍庙建筑，余工手绘，2013 年

仅仅是抽象的符号，与现实世界城隍庙的具体哪栋建筑没有多大关系。他的笔触，一簇簇墨团，仅仅是符号的表达，凸显出"空间的结构力量"（图265）。

余工的书画，则一字见其心，寄以骋纵横之志，托以散郁结之怀。

图 266：豫园一景，余工手绘，2013 年 5 月

　　极其简洁、疏淡、空灵。从中透露出了建筑的本体：建筑是人在蓝天底下、大地之上
存在的唯一方式。所以建筑具有神性。余工的手绘反映了神性是符合逻辑的。它是建筑神
性的一个抽象符号，属于手绘书法建筑哲学和美学范畴（图266）。

图 267：豫园一景，余工手绘，2013 年 8 月 9 日

豫园一景
Yu Yuan Yi Jing

今天是高温 40 度，但余工收获最大，创作了 12 幅画。他边写生，边同我聊天。他完全沉醉在"白日梦"样的状态——这是我亲眼所见。

事后，我对他说：

"余工，你在空间处的题字是否能写得正规、规范一点，好让我能看清？"

"在写的时候，我的动作是无意识的，潜意识的。"他马上回答。

一切都明白了。他画画，就像唐朝书僧怀素醉时创作书法，如痴如醉。他是舒泄根本的幽愤，所以才拿起画笔。

请注意图右边的树，隐隐约约，如狂草（图 267）。

整个画面"有"与"无"互相容纳，相映生辉，相互渗透，营构成一片寂静的空间，漫射出结构力量——这才是余工手绘语言的魅力。

所有这一切，得之于道教哲学的玄悟。要知道，城隍庙是座道观。"玄"是道教哲学的核心观念。

图268: 湖心亭，余工手绘，2013 年 8 月 9 日

湖心亭

豫园

hu xin ting

余工作画时，我在场，我亲眼目睹了他在梦样状态下的"手脑并用"，潇洒地挥笔，自由、自如、自在，自我陶醉，身不由己地"狂"。作画时，他是一个"狂人"。

作为书法，余工的手绘并不单单表现其个性，而是玄妙超乎于个性的表现、 玄妙灵通，笔与冥运，神将结合; 或烟收雾合，或电激星流，变化无穷。

总之，"玄妙"是艺术创造心理学一种极其重要的、说不清的现象。请注意图右实、左虚。虚实交织，这才是神采射人（图268）。

豫园

湖心亭

hu xin ting

图 269：湖心亭，余工手绘，2013 年 8 月 9 日

把秀楼虚空、素淡、玄妙，仅用了疏散、简远的三两笔便营构出了一座楼宇，真是神来之笔。图左的湖心亭也是以虚笔为主，一疏一密，刚柔和虚实相互编织、飘忽、姿态生动——可谓神品（图269）。

这幅手绘作品完美地解释了余工有关"舍去"和"打住"的创作哲学观念：他"舍去"了该舍去的一切不必要的东西，剩下的是必要的空灵；他"打住"的地方，即保留了该保留的神品。神品之外的一切都是累赘。

这时的余工便进入到了"行到水穷处，坐看云起时"，或"人闲桂花落，夜静春山空"（王维）的境界。这是世界哲学、美学享受。

豫园 | Yu Yuan

图 270：豫园，余工手绘，2013 年 8 月 9 日

　　这是一幅正宗的抽象画，它"舍去"了物质的累赘，只剩下手绘艺术的空灵和清虚（图270）。这叫白云出山，舒卷自如：旷达、超迈、放荡不羁——这是画家灵魂状态的反映。这是山深草木自幽清——清的人生，清的哲学。余工骨子里追求一个"清"字：信手落笔笔清绝。

-219-

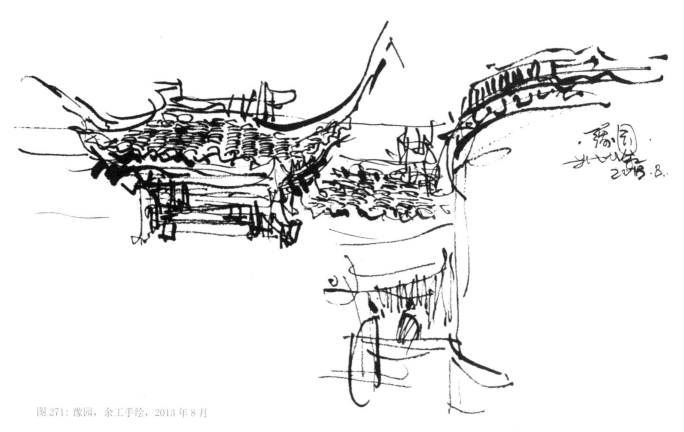

图 271: 豫园, 余工手绘, 2013 年 8 月

余工这幅手绘作品《豫园》, 重在点画的变化, 拙而巧, 充分表现了"空间的结构力量"。它使我联想起陈献章的《诗卷》, 用茅根代笔, 把好笔所能得到的笔法效果都取消了, 在局限的笔触中求点画的变化（图271）。

——这是书法的一种独特语言。

在《诗卷》与余工的手绘之间架设起桥梁是讲得通的, 顺理成章的（图272）。两者都富有高洁虚静的心灵, 横逸奔放, 忘掉了世俗为之奔波的一切。

余工也是个大企业家, 他能做到不为世俗所绊, 得自由、自如、自在。他的手绘建筑语言便充分说明他的胸次浩荡, 感慨深沉, 朗朗有力。因为画为心声。

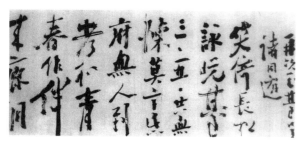

图 272: 陈献章的《诗卷》

图 273：九曲桥荷莲池，余工手绘，2013 年 8 月 9 日

　　这幅抽象画为书法艺术的神品：平和简静，酝酿无迹；笔简形具，得之自然，浑然天成，颇有"万岁古藤"的清虚感，飘逸感（图273）。这里才是"此中有真意，欲辨已忘言。"它来自"空间结构力量"，全然是余工"白日梦"样的灵感产物。故画之道，宇宙全在脑指挥手腕运作——余工即为一例。

附录

赵鑫珊著作一览表

Zhao Xin Shan Zhu Zuo Yi Lan Biao

1. 《科学．艺术·哲学断想》，1983年，三联书店。1985年，台湾丹青文库；2005年．新一版，文汇出版社，380页。2012年，第三版，上海辞书出版社

2. 《哲学与当代世界》，人民出版社，1986年，417页。

3. 《哲学与人类文化》，上海人民出版社，1988年，260页。

4. 《黄昏却下潇潇雨》，安徽文艺出版社，1994年，217页。

5. 《大自然的诗化哲学》，文汇出版社，1999年，355页。

6. 《狗尾草在叹息》，浙江人民出版社，1993年，292页。

7. 《没有鸟巢的树》，花城出版社，1991年，417页。

8. 《我有我的潇洒》，中国友谊出版社，1994年，233页。

9. 《人类文明的功过》，作家出版社，1999年，663页。

10. 《菜菌河的涛声》，复旦大学出版社，1996年，333页。

11. 《心游德意志》，文汇出版社，1997年，335页。

12. 《驶感我叹我思》，上海辞书出版社，2002年，488页。

13. 《人类文明之旅》（上下两册），上海辞书出版社，2001年，670页。

14. 《病态的世界》，上海人民出版社，2003年，250页。

15. 《不安》，上海文艺出版社，2003年，511页。

16 《贝多芬之魂》，上海三联书店，1988年，679页。

17. 《莫扎特之魂》，上海文艺出版社，1988年，529页。

18. 《普朗克之魂一感觉世界 - 物理科学世界实在世界》，四川人民出版社，1992年，775页。

19. 《三重的爱》，复旦大学出版社，1996年，300页。

20. 《赵鑫珊散文精选》，复旦大学出版社，1996年，299页。

21. 《我眼中的香格里拉》，上海文艺出版社，1999年，383页。

22. 《人脑 - 人欲 - 都市》，上海人民出版社，2002年，419页。

23. 《大自然神庙》，上海教育出版社，2006年，251页。

24. 《建筑是首哲理诗》，百花文艺出版社，1996年，626页。2013年，第三

25. 《建筑：不可抗拒的艺术》，（上下册），百花文艺出版社，2002年，785

26. 《建筑面前人人平等》，上海辞书出版社，2004年，409页。

27. 《人→屋→世界》，百花文艺出版社，2004年，542页。

28. 《澳门新魂》，百花文艺出版社，2006年，371页。

29. 《艺术之魂》，上海辞书出版社，2006年，358页。

30. 《赵鑫珊文集》（三卷），学林出版社，1988年。

31. 《告别生出惆怅》，文汇出版社，2006年，275页。

32. 《我是北大留级生》，江苏文艺出版社，2004年，309页。

33. 《上帝和人：谁更聪明》，安徽文艺出版社，2000年，263页。

34. 《99 封未寄出的情书》，上海文艺出版社，2000年，439页。

35. 《智慧之路》，华东师范大学出版社，2004年，256页。

36.《不！人和病毒谁更聪明》，上海辞书出版社，2004 年．331 页。

37.《是逃跑还是战斗》，广东人民出版社，2003 年，366 页。

38.《天才和疯子》．江苏文艺出版社，2003 年，450 页。

39.《非常寓言》，少年儿童出版社，2007 年，21I 页。

40.《我有家吗？》，上海文艺出版社，2006 年，473 页。

41.《战争背后的男性荷尔蒙》，江西人民出版社，2007 年，310 页。

42.《穿长衫，读古书》，江西人民出版社，2007 年，260 页。

43.《我心目中的十字架》，北京出版社，2006 年，200 页。

44.《人文姿态》，北京大学出版社，2006 年，271 页。

45.《瓦格纳·尼采·希特勒》，文汇出版社，2007 年，410 页。

46.《历史哲学深谷里的回音》，上海辞书出版社，2007 年，385 页。

47.《观念改变世界》，江西人民出版社，2007 年，298 页。

48.《罗马风建筑》，上海辞书出版社，2008 年，298 页。

49.《哥特建筑》，上海辞书出版社，2010 年，284 页。

50.《孤独与寂寞》，文汇出版社，2008 年，210 页。

51.《"王"这个汉字），文汇出版社，2009 年，205 页。

52.《我这一生幸福吗？》，北京大学出版社，2009 年，198 页。

53.《地球在哭泣》，安徽文艺出版社，1994 年，193 页。

54.《希特勒与艺术》，天津百花出版社，1996 年，416 页。

55.《寻道之旅》，傅益瑶图，赵鑫珊文，上海辞书出版社，2010 年，195 页。

56.《音乐与建筑》，文汇出版社，2010 年，365 页。

57.《上海世博建筑对万众视觉的冲击》，与水彩画家和手绘建筑艺术家余工等人合作，文汇出版社．2010 年，151 页。

58.《上海白俄拉丽莎》（历史长篇小说），文汇出版社，2010 年，412 页。

59.《哲学是最大安慰》，北京大学出版社，2010 年，330 页。

60.《精神之魂（赵鑫珊随笔）》，北京大学出版社，2009 年，286 页。

61.《人和符号》，文汇出版社，2011 年，357 页。

62.《伟大的巴洛克文明群落），文汇出版社，2011 年，270 页。

63.《庄子的哲学空框》，文汇出版社，2011 年，357 页。

64.《裂缝和塌陷——当代人类状况》，上海辞书出版社，2012 年，117 页。65.

65.《一个人和座城——上海白俄罗森日记》（历史长篇小说），上海文艺出版社，2012 年，363 页。

66.《还原历史．超越历史》，文汇出版社，2012 年，143 页。

67.《墓地是首雕塑诗》，百花出版社，2013 年，335 页。

68.《手绘剑桥大学建筑》，余工图，赵鑫珊文，文汇出版社，2013 年，224 页。

69.《道心之中有衣食》，文汇出版社，2013 年，239 页。

70.《哲学是舵，艺术是帆》，上海辞书出版社，2012 年，145 页。

图书在版编目（ＣＩＰ）数据

余工建筑手绘 / 余工，赵鑫珊著 -- 上海：东华大学出版社，2014.10
ISBN 978-7-5669-0603-8

I. ①余… II. ①余… ②赵… III. ①建筑画－绘画技法
IV. ① TU204

中国版本图书馆CIP数据核字（2014）第202455号

投稿邮箱：xiewei522@126.com

责任编辑：谢　未
装帧设计：魏华中

余工建筑手绘

Yugong Jianzhu Shouhui

图：余　工
文：赵鑫珊
出　　版：东华大学出版社
（上海市延安西路1882号　邮政编码：200051）
出版社网址：http://www.dhupress.net
天猫旗舰店：http://dhdx.tmall.com
营销中心：021-62193056　62373056　62379558
印　　刷：苏州望电印刷有限公司
开　　本：889mm×1194mm　1/16
印　　张：14
字　　数：493千字
版　　次：2014年10月第1版
印　　次：2014年10月第1次印刷
书　　号：ISBN 978-7-5669-0603-8/TU・019
定　　价：49.00元

纯造型美的建筑手绘与中国书法精神

余工建筑手绘

图 余工 文 赵鑫珊

欢迎网上购书：

出版社网址：http://www.dhupress.net

天猫旗舰店：http://dhdx.tmall.com

责任编辑：谢 末 装帧设计：魏华中

ISBN 978-7-5669-0603-8

定价：49.00元